5ゲン主義
現場リーダーの心得

語り継ぐ“ものづくり哲学”

古畑慶次【著】

日科技連

推薦のことば

ソフトウェアの開発や管理に携わっている方々に問いたい。自分の、あるいは組織の「ものづくりの哲学」を言葉で言い表すことができるだろうか。それは、断片的な単語の羅列ではなく、相互に結びついた全体像として語れているだろうか。それは、ハードウェアの品質管理で培われてきた概念の受け売りではなく、腹落ち感のある、現場の実態に根ざした言葉になっているだろうか。本書は、このような問いに自信をもって答えられるようになり、そして、問題の本質を正しく捉えることができる技術者や管理者になるための指針に溢れている。

ソフトウェアの開発や管理にかかわる技術の進歩は著しい。AI技術を取り入れた製品やサービスは2015年までは限定的であったが、2018年現在では身の回りの至るところに溢れている。ソフトウェアの開発や管理業務の一部を自動化する技術についても実用段階に入っている。このような技術の変化への対応力をもつことは、技術者として必要なことである。しかし、「ものづくりの哲学」をもつことなしに、技術の変化にひたすら対応していたのでは、限られた成果しか得ることができない。利用できるリソースの範囲で、企業活動の全体を視野に入れながら、なぜ、何を、どのようにやるべきなのか。このようなことを日々考え、実践し、結果を確認し、改善していくという取組みを、技術変化の激しい時代だからこそ着実に取り組んでいくことが成果に結びつく鍵である。本書を通読することで、その方法と勘所を十二分に知ることができるだろう。

本書の著者は、『5ゲン主義』で知られる古畑友三氏を父にもつ、古畑慶次氏である。古畑氏と私の最初の出会いは、2000年頃に「高品質ソフトウェア技術交流会(QuaSTom)」へのお誘いを受けたときである。大雨のなか、研究室に来られた古畑氏が、挨拶を終えて早々に「ちょっと靴下脱いでいいですか？」とおっしゃったことを今でも鮮明に覚えている。このような茶目っ気たっぷりの古畑氏だが、最初にお会いしてから今日に至るまで、技術、管理、教育などさまざまな話をしていていつも感じるのは、古畑氏の中にある揺るぎない「ものづくりの哲学」である。技術、環境、社会の変化、さらには古畑氏自身の業務内容に変化があっても、古畑氏の根幹にある哲学は微動だにしない。出会ってしばらくして、古畑友三氏のご子息と初めて知ったときは「ああ、なるほど！」と思わず膝を打った。古畑氏から私が学んだことは数知れず、今日の私の基盤の一角を間違いなく形成している。

本書はソフトウェアの開発と管理に触れていることが多いが、サービスの設計やホワイトカラーの業務などにも有用である。もちろん、製造業におけるものづくりにおいても当てはまる。本書を通じて読者自身の「ものづくりの哲学」が形成され、現場での実践を通じて深化し、それがさらに語り継がれていく。このような草の根的な広がりをもつことが産業界の健全な発展に必要であり、本書はその要となり得るだろう。

2018 年 3 月

日本科学技術連盟ソフトウェア品質委員会運営委員長
東洋大学経営学部教授

野中　誠

まえがき

『5ゲン主義　現場管理者の心得』が刊行されて約30年が経つ。「5ゲン主義」は、筆者の父(古畑友三)が日本電装株式会社(現在、㈱デンソー)の赤字部門であった製造部の建て直しを通して確立した“ものづくり哲学”である。現在では3現主義と並んで日本的品質管理を代表する言葉となっている。

しかし、上書を出版して30年が経った今、日本のものづくりを取り巻く環境は当時とは大きく変化した。グローバル競争に伴う急速な国際化、少子化による人口減少、価値観の多様化、特に、第4次産業革命といわれるIoT(Internet of Things：モノのインターネット)は、これまでのものづくりの基本構造や成長モデルを一変させた。

そこで、『5ゲン主義』を時代の変化に合うように書き直そうと父と検討し始めたのが2015年の春、父が亡くなる半年前のことである。当時、父は82歳であったが、企業からの依頼や相談に応えて生産現場の指導を続けていた。5ゲン主義は会社再建や生産現場改革で活躍する一線の方々から絶大な支持を受けていたが、急激な環境変化を乗り切る指針としても、多くの企業から強く求められていたのである。

ものづくりの本質を追究して生産現場に立ち続けたのが父であり、父の考え方を引き継ぎ、新たな領域で時代の変化に挑もうとしていたのが筆者であった。つまり、『5ゲン主義』の改訂は、二人にとって次世代のものづくりへ向けた新たな挑戦を意味していた。

『5ゲン主義』の改訂に当たり注意したのは次の点である。

(1) 5ゲン主義の基本的な考え方は踏襲する。

(2) 企業活動全体を対象とする。

(3) 時代の変化を取り入れた内容とする。

まえがき

5ゲン主義の主意は、企業活動を知的変化や物理変化のプロセスで捉え、その変化を現場・現物・現実で把握し、本質的な解決を原理・原則に求めることにある。本書ではその意味を再確認し、インターネットや人工知能の技術革新による時代変化を前提に、企業活動の要である現場リーダーに必須の管理、問題解決、人材育成について解説する。

改訂の検討を始めてすぐ父は病床に伏し、半年も経たないうちに逝ってしまった。執筆に大きな責任を感じながらも、父が現場に立ち続けた意味を考え、父の著書を読み返しながら2年半の歳月をかけてようやく刊行にこぎ着けたのが本書である。

その父と実家で書籍の検討を終え、帰り際に玄関先でよく交わした言葉がある。父がかけた「頑張ろうな」に続く言葉であるが、ものづくりに込めた二人の想いがここにある。

「日本のために、家族のために、そして、自分のために」

5ゲン主義が今の時代に問題意識をもち、ものづくりに日々努力されている方々に少しでも参考になることを信じてペンを置く。

最後に、本書執筆に当たり深いご理解と心温まる支援をいただいた㈱デンソー技研センター社長の山内豊様、前社長の湯川晃宏様に心から感謝申し上げる。また、本書の刊行に当たって、「推薦のことば」をいただいた東洋大学教授の野中誠先生に厚くお礼を申し上げる。出版に関しては、いろいろ献身的にお世話いただいた日科技連出版社の方々、特に並々ならぬご支援を賜った戸羽節文社長、田中延志係長には重ねて厚く御礼申し上げる。

2018年3月

古畑　慶次

目　次

第1章
5ゲン主義の定義と理念

5ゲン主義とは何なのか、その答えを誕生からひもとき、目指す姿と理念を明確にする。そして、5ゲン主義における現場・現物・現実の重要性と原理・原則が必要な理由を説明する。

1.1　5ゲン主義とは何か？

(1)　5ゲン主義とは？

「5ゲン主義」とは、原理・原則に裏づけられた現場・現物・現実での実践的な行動を意味している(図1.1)。

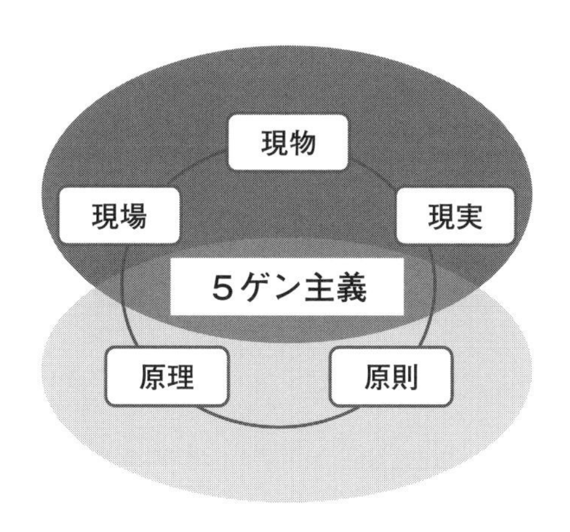

図1.1　5ゲン主義

「5ゲン主義」は現場の実践にもとづく“ものづくり哲学”であり、筆者の父・古畑友三が1989年に、著書『5ゲン主義—現場管理者の心得—』(日科技連出版社)でその思想と基本的な考え方を提唱した。

父が自身の哲学を5ゲン主義という言葉で表現したのは、当時の日本電装㈱(現在の㈱デンソー)の30年間で培った経験にもとづく“ものづくり現場”の思想を、より多くの人々に理解してもらうためであった。

ものづくり哲学としての5ゲン主義の実効性は、父の現場での実践によって裏づけられている。1989年に最初の書籍を出版した時点で、父は事業部長として㈱デンソーの噴射ポンプ事業部の製造部改革を成功させただけではなく、社長を務めた京三電機㈱で会社の改革に着手し、数年で会社の再建を達成している。つまり、5ゲン主義という言葉が生まれた背景には、赤字事業部の改革の実績と会社再建を達成する確信があったのだ。

5ゲン主義に関する書籍は、1989年以降、日科技連出版社より5ゲン主義シリーズとして次々と出版された。その結果、日本国内に5ゲン主義は広まり、生産現場での実践を通して多くの企業の業績向上に貢献してきた。こうして現在、5ゲン主義は日本的品質管理を代表とする言葉としても使われるようになった。

(2)　3現主義と5ゲン主義

(a)　3現主義

上記で触れたように5ゲン主義は、「現場・現物・現実＋原理・原則」を表す言葉だが、その実践のためには、何をすればよいのだろうか。5ゲン主義を理解する前に、まず、その前提の考え方となる「3現主義」について説明する。

「3現主義」は、“現場”へ行って、“現物”を通して、“現実”を見て、考えることを求める現場の品質改善に必要不可欠な考え方である。生産現場や品質管理をはじめ多くの分野で使われている。

ここで、生産現場で“問題”が発生し、その問題に対処する場面を考えてみよう。通常、生産現場の問題は現場の担当者が現場責任者に報告するが、その問題が責任者の権限を超えている場合は責任者は適切な指示を出すことができない。こうしたとき、よくあるのが関係者を会議室に集めて解決策を議論するという対応である。しかし、現場を確認していない管理職や関係者が、会議室に集まって議論したところで有効な対策は見えてはこない。

3現主義は、こうした判断や意志決定をすべき立場にある人々に問題の起きた現場へ実際に行って、現物を自分の目で確かめ、現実を把握して判断しなさいという問題解決の教訓を示している。現場・現物・現実を中心に問題解決を図ることは、物事の本質を捉えるための必要条件であり、実際の場面で有効かつ重要な考え方なのである。

(b)　5ゲン主義

上記の3現主義に「原理・原則」の2原を加え、“現場”へ行って、“現物”を通して、“現実”を見て、問題や解決策を“原理・原則”にもとづいて判断しなさいとした考え方が「5ゲン主義」である。つまり「5ゲン主義」は、現場・現物・現実にもとづく実践的な教訓である3現主義に、意志決定の判断基準となる“原理・原則”をプラスした現実的で合理的なものの考え方である。

ここで「原理」とは多くの物事がそれによって説明できると考えられる根本的な理論であり、「原則」とは基本的なルール、日進月歩する技術である。

(3)　5ゲン主義の誕生

(a)　不採算部門への異動

5ゲン主義をテーマにする書籍が最初に刊行されたのは1989年だが、その考え方の原点は、筆者の父・古畑友三が日本電装㈱(現在の㈱デンソー)の製造部門の責任者に着任した1975年に遡る。

当時の製造部門では機械技術者が中心的な存在で、父のような電気技術者が責任者として異動することは異例のことであった。また、製造部門ではそれまで機械技術者が責任者となるのが通例で、電気技術者の父がローテーションで異動してきた当初は、「部署内ですさまじい反発や陰湿ないやがらせがあった」と父から聞いている。

さて、父が社命を受けて製造部門の責任者になったのには理由がある。その製造部門は製品の品質に大きな問題があったので長年にわたり歩留まりが悪く、採算割れしていた。しかし、機械科出身の責任者では、その状況を改善することができず、全社的な大問題となっていた。そこで、事業を統括する役員から父に白羽の矢が立ったというわけである。通常の慣行に反する異例の抜擢の理由について、父はその役員から「機械技術者では何人やらせても結果が出ないので、電気出身の君に任せることにした」と聞いたそうである。こうした経緯で赤字事業の再建という大きな課題を与えられた父は、製造部改革を余儀なくされた。そして、これは現場にはびこる悪しき伝統との闘いを意味していた。

製造部内のすさまじい反発に対峙しつつ、父は製造部改革を断行するため、さまざまな施策に思いを巡らせ行動を開始した。改革に着手するに際して「管理技術、固有技術、そして、全員のやる気が必要だ」と判断した父は改革を成功させるために動く。幸い、父が担当した製造部門は、管理技術にはデミング賞受賞という大きな実績があり、また、技術提携を通じて品質を確保できる固有技術を十分備えていた。さらに、製造部の技術者たちは業務改善に対する熱意も高かった。製造部門全体が

“燃える集団”へと生まれ変わるために必要なエネルギーが存在することを父は直感していた。

この製造部の状況を客観的に判断すれば、現場に蔓延する悪しき伝統などありそうもないように見える。ここに、これまでの責任者が気づかなかった大きな落とし穴があった。確かに現場の管理技術、固有技術、技術者のエネルギーには潜在的に高い能力があり、製造部門を再建するには申し分のない条件が揃っていた。しかし、それぞれのベクトルを一つの方向に向け、これら3つの要素を有機的に組み合わせて最大の成果を発揮させる考え方に大きな弱点があったのだ。そのため、技術者の前向きのエネルギーは抑えられ、高いレベルの管理技術と固有技術は日の目を見ることはなかった。

(b)　改革：製造部の再建

製造部門のトップである父の立場から見ると、結果を出すために必要な次の2点が不十分だったので製造部門全体が間違った方向へ進んでいた。

①　ビジョン、目標、戦略の策定

②　実行すべき計画の立案と実施

このように問題を整理した父は、管理技術・固有技術を中心に、品質管理、5S、ムダ取り、人材育成など、ものづくりを支える各分野にメスを入れていった。それは、トップである父が自ら現場に赴き、やって見せて、言って聞かせる率先垂範型の現場改革であった。

しかし、父は現場指導の結果から、「これだけでは十分な成果を上げることができない」と判断した。それは「How to をいくら教えても、あるべき姿が共有できていなければ現場が自律的に問題解決に取り組むのは難しい」と感じたからである。一番の弱点がこうした組織の管理、特にその考え方である以上、目標とする製造部に生まれ変わるためには、さらなる対策が必要だったというわけである。

そこで、1982年から改革が必要な部署の管理職に、父が考える製造部の目指すべき姿をまとめた資料を配布した。そして、週に一度、始業１時間前に全管理職を集めて父の配布した資料を学ぶ早朝勉強会を始めたのである。この勉強会を通じて、改革に必要な考え方、目標、方針が組織内に徹底されていった。勉強会を重ねることで、改革が目指す姿を明確にし、それを実現するための価値観と方法論を組織に浸透させていったのである。

勉強会の中心的な内容である製造部の仕事の進め方・考え方や管理者のあるべき姿は、父自身が現場で実践して結果を出してきた哲学にもとづいている。それぞれの業務での内容は、父が現場で実施した直接指導を通してより具体的に伝えられた。この早朝勉強会は父が担当した製造部を離れるまで続いた。

そして、この早朝勉強会の資料がトヨタ自動車の幹部の方の目に留ま

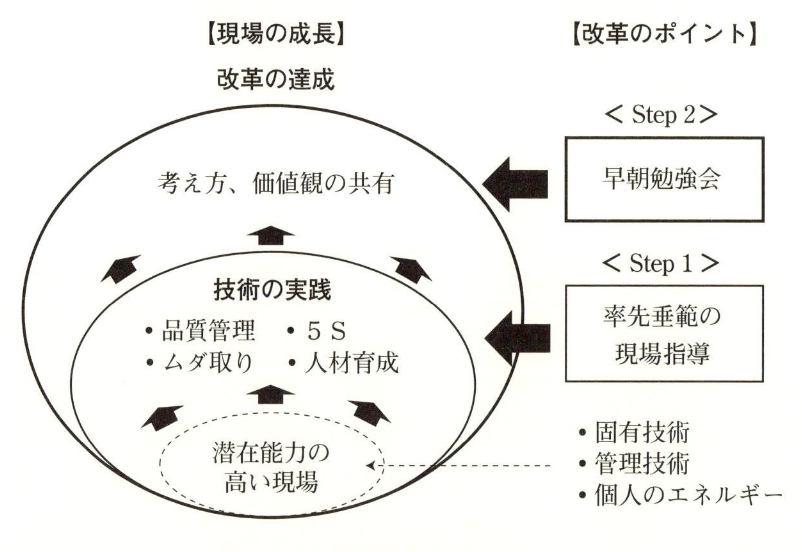

図 1.2　製造部改革の軌跡

り、父に生産現場改革の書籍の執筆を強く勧めた結果、1989年に『5ゲン主義―現場管理者の心得―』が世に出ることになったのである。初の著作を出版したときには、父はすでに赤字だった製造部門の黒字化を見事に達成し（**図1.2**）、京三電機㈱の社長として会社の再建に着手していた。京三電機㈱での改革については、**2.1節**で詳述する。

(4)　5ゲン主義が目指す姿

製造部を再生させた5ゲン主義には、父が目指した現場のあるべき姿が、“現場・現物・現実”、そして、“原理・原則”という5つの観点からまとめられている。その書籍には、処女作の『現場管理者の心得』（1989年）以外にも、**表1.1**に示すように8冊が刊行されている。

いずれの書籍にも、現場で実際に起こる問題に対する管理者に必要な考え方がわかりやすく解説されている。取り上げられている事例は父の体験にもとづいたものであり、その事例を通じて製造部改革を成し遂げた考え方を具体的に紹介している。それだけに、5ゲン主義に貫かれている“ものづくり哲学”には、強烈な説得力と臨場感のあるリアリ

表1.1　古畑友三の著書

No	書　名	出版年
1	5ゲン主義「現場管理者の心得」	1989
2	5ゲン主義「品質管理の実践」	1990
3	5ゲン主義「ムダ取りの実践」	1992
4	5ゲン主義「人を育てる」	1994
5	5ゲン主義「5S管理の実践」	1995
6	5ゲン主義入門	1996
7	5ゲン主義「物造り改革の実践」	1998
8	5ゲン主義　管理の基本　考え方編	2010
9	5ゲン主義　管理の基本　進め方編	2010

注）いずれも日科技連出版社.

ティーを強く感じることができる。

初の著作である『現場管理者の心得』(1989年)では、５ゲン主義の思想にあわせて管理者のあるべき姿が解説されている。それ以降の『物造り改革の実践』(1998年)までの書籍では、ものづくり現場の各観点から５ゲン主義を実践するうえで必要な着眼点や考え方、そして、その実践方法が具体的にまとめられている。どの書籍も、ものづくりを中心に各テーマを展開しているが、５ゲン主義を考えるうえで特に注意したいのは、失敗についての考え方である。

父は晩年、「５ゲン主義は問題解決の原理・原則である」とよく説明していた。これは現場・現物・現実のなかの原理・原則を理解できれば物事は必ずうまくいくという意味である。この考え方に従って物事の失敗を分析すると、その原因は次の３点に集約できる。

①　現場・現物・現実を正しく捉えていなかった。

②　原理・原則を理解できていなかった。

③　途中で成功することを諦めた。

３つ目の成功を諦めることは別として、物事の失敗は事実を正しく把握する３現：現場・現物・現実と、常識を理解する２原：原理・原則で説明がつく。つまり、この観点から手段や方法を修正していけば、必ず物事を改善できるのである。このように５ゲン主義は問題解決の本質を５つの観点から端的に表現している。

父が５ゲン主義で目指したのは物事の本質の追究であり、現場で使える原理・原則を明確にし体系化することであった。その一環として書籍も執筆したが、父は物事を成し遂げる基本的な姿勢や考え方を現場での実践を通して確立してきた。だからこそ、５ゲン主義のファンはものづくりの関係者だけに留まらず、経営者からはもちろん、開発や設計、営業の現場の第一線の方々からも絶大な支持を受けてきたのである。

本書では、５ゲン主義の意味や考え方を再整理し、その対象をこれまでの生産現場から企業活動全体に拡張して解説していく。5ゲン主義は、これまで生産現場における現場哲学と考えられてきたが、本書ではホワイトカラーの業務にも大変有効な考え方と捉えて解説する。これについては**2.1節**以降で詳述する。その内容を読んでもらえれば、問題解決能力の高い人は、必ず5ゲン主義に従った仕事の進め方をしていることに気づくであろう。

(5)　5ゲン主義の理念

(a)　5ゲン主義の理念を表す言葉

父は1995年に京三電機㈱の社長を退任したが、その後、多くの企業に請われて、現場改善・経営改革を指導する生産経営研究所を設立した。そして、亡くなる82歳までの20年間、一指導者として現場に立ち続け、多くの経営者や現場技術者の指導に当たってきた。各社、ネーミングはさまざまであったが、父の指導は「古畑塾」「古畑教室」「5ゲン塾」とよばれていた。父は、まさに生涯をかけて5ゲン主義に徹したわけだが、それは、5ゲン主義が、技術者をはじめ経営者や管理者に共感をよぶ“ものづくり”の現場哲学であったからに違いない。

5ゲン主義を語るとき、父はその意味を『漢書・趙充国伝』になぞって次の言葉でよく説明していた。

> 百聞は一見(見る)にしかず
> 百見は一考(考える)にしかず
> 百考は一行(実行する)にしかず
> 百行は一効(効果を出す)にしかず
> 百効は一幸(幸せになる)にしかず

これは『5ゲン主義—現場管理者の心得—』(1989年)で紹介された言

葉でもある。そのまえがきで、５ゲン主義を特に耳新しいことではなく当たり前のことばかりだとしながらも、この言葉は、特に強調したいこととして取り上げている。

また、この言葉には、ものづくりを究め続けた一技術者の理念が表現されている。父はデンソーの製造部改革、そして京三電機の再建を、この言葉を胸にひたむきな努力と工夫を重ねることで成し遂げた。バイタリティー溢れる熱心な現場指導は、この言葉が原動力になっていたと切に感じる今だからこそ父が偲ばれる。

(b)　理念が示すものづくり哲学

この父の言葉を、５ゲン主義の意味を考えて解釈すると次のようになる。

①　百聞は一見(見る)にしかず

この言葉は３現主義を説明している。つまり、人の報告や紙面上のデータだけで判断していては、物事がうまく進むことはない。だから、現場へ行って、現物を通して、現実を見て考えなさいと「現場・現物・現実」の重要性を説いている。しかし、３現主義だけでは現実の問題は簡単には解決しないので、以下に続く②～⑤が必要となる。

②　百見は一考(考える)にしかず

これはまさに５ゲン主義の真骨頂を表した言葉である。３現主義を実践しても、その内容が「原理・原則」に合っていなければ期待する結果は得られない。だからこそ、現場・現物・現実から得た事実を「原理・原則」にもとづいて判断して、現実を正しく把握する。この考え方が５ゲン主義の原点である。

③　百考は一行(実行する)にしかず

この言葉は簡単にいえば、考えたことはやってみて初めてその価値がわかるという意味である。物事を「原理・原則」を踏まえて、いくら慎重に考えても、その結果は仮説の域を出ることはない。特に経験のない分野や初めてのことであれば、いくら真剣に取り組んでみたところで誤解や間違いはあるものである。考えたことが本当に正しいかどうかは、実際にやってみなければわからない。仮説は実証して初めて定説になるのである。

④　百行は一効(効果を出す)にしかず

いろんなことを何回やったところで、効果が出なければそれは徒労に終わる。この言葉は、結果を出すことの重要性を説いている。問題解決では結果がすべてである。結果が出なければ、その途中のプロセスでどんなに努力しようと評価されることはない。結果を出して初めて、それまでの努力や苦労が評価される。

だからこそ、現場・現物・現実をよく観察し、原理・原則にもとづいて解決策を検討する。そして、実行し、期待する結果が出なければ、解決策を現場・現物・現実と原理・原則の観点から見直して再度実行する。この一連のプロセスを繰り返すことが重要である。一効を追求し続けるこの考え方やアプローチそのものが5ゲン主義を表している。

⑤　百効は一幸(幸せになる)にしかず

この最後の言葉にこそ、5ゲン主義を貫いた父・古畑友三の現場哲学の目指す姿が表現されている。一管理者として、一経営者として、そして一指導者として、父が現場指導のなかで常に求めていたものは一幸であった。

いくら良い結果が出ても、担当者や組織、お客様や社会が幸せにならなければ、その活動は意味をなさない。つまり、こうした一幸に貢献する考え方こそが５ゲン主義の本質である。社会の一幸を常に意識してこそ５ゲン主義といえるのである。

父の現場指導は大変厳しかったとよく聞く。それは、厳しく育てられた一昔前の人には耐えられるが、「今どきの若い人ではついていけない」とまで言われるほどであった。しかし、父は問題解決を通して技術者として成長して欲しいと願う愛情をもって、個々の技術者と真剣に向き合った。また、父の指導の根底には、単に結果だけを強いるのではなく、誰よりも人の能力の可能性を信じ、それを最大限に引き出そうとする情熱があった。

情熱と愛情に裏打ちされた指導は、現場や会社の問題を解決するだけでなく技術者の急速な成長を促す。そして、それがやがて企業や社会の発展の原動力になっていく……。こういった因果を父は確信していたのであろう。筆者も現場指導をするなかで常々感じているが、自分が成長し進化することで社会に貢献ができるようになることこそが、技術者、経営者としての最大の喜びではないだろうか。

５ゲン主義は、この５つの言葉からわかるように、個人の成長を企業や社会の発展へと転換させ、個人や社会の一幸に貢献することを理念に掲げた“ものづくり哲学”なのである。

1.2　５ゲン主義の思想

(1)　現場・現物・現実

(a)　現場百回

問題解決は、現状分析である事実の把握、確認、情報収集から始める。５ゲン主義でも同様に、まずは“現場・現物・現実”を正しく把握して、“原理・原則”による検討、判断を行う。現場・現物・現実から事実をどれだけ正しく把握できるかが、問題解決のスピードや結果を大きく左右する。

例えば、昔の刑事ドラマでは、初老の刑事が駆け出しの若手刑事に「捜査が行き詰まったときは現場に戻れ」と説く“恒例のシーン”がよくあった。ことあるごとに「現場百回」を繰り返し刷り込まれた若手刑事は、事件現場に何回となく足を運ぶことで容疑者の決定的な証拠を発見する。そして、事件解決の手柄を上げることで、初老刑事に何度もしつこく言われた現場百回の意味を身をもって理解するのである。

事件の解決では、現場に残された事件の痕跡や足で稼いだ情報、綿密な調査、刑事としての経験や勘を頼りに真実を解き明かし、犯人にたどり着く。この事件解決のプロセスは、問題解決の現状分析のアプローチとよく似ている。事件(問題)が起こったら最初に徹底した現場調査を行い、調査結果を聞き込んだ情報や経験と結びつけることで容疑者(問題の構造)の目処をつける。そして、事件(問題)についての仮説をつくり、再度、現場に立ち戻って仮説を検証し、さらに、そこで得た新たな発見と新しい情報にもとづいて仮説を修正する。このステップを繰り返して犯人逮捕(事実の把握)に近づいていく。

まさに、現場百回は、5ゲン主義の「現場・現物・現実」に通じる考え方なのである。

(b)　事件は現場で起きている

日本の高度経済成長を支えた生産現場は、当時から現場・現物・現実に立ち戻って問題を解決していた。例えば、生産現場で不良問題が起こると、現場のデータを集めて原因を分析し、問題の工程を改善することが当たり前のように行われていた。このとき、不良が発生するメカニズムを現場・現物・現実から分析し、根本原因を排除することで、以降、同じ原因の問題が二度と発生しないように対処した。

こうした再発防止で実践するのが、３現主義で言われている現場・現物・現実の哲学である。したがって、利益が確保できなくなった、生産性が上がらない、品質問題が頻発する、不良がなくならないなどの問題で悩む管理者や経営者の方は、今一度、品質の原点に立ち戻って、現場に足を運んでみてはどうだろうか。

これも刑事ドラマの有名な台詞で恐縮だが「事件は会議室で起きているんじゃない！ 現場で起きてるんだ！」というわけである。

(c)　現場観察の重要性

どうしてこれほど「現場・現物・現実」にこだわる必要があるのか。なぜ、刑事ドラマで「現場百回」の精神が伝説的に語り継がれるのか。

人は誰しも、現場を１回見ただけでは事実をうまく把握することはできない。なぜなら、人は自分の関心のあることに無意識のうちに捉われ、それに結びついたものしか目に入らないからである。しかし、誰でも同じ場所に100回も行けば、それまで気にも止めなかった箇所や注意しなければ気づかないような細部に注意がいくだろう。こうして、事件解決のヒントを見い出し、解決の糸口を摑むのである。

トヨタ自動車が策定した「トヨタウェイ2001」[1)]では、「現地現物」を常に現状に満足することなく、より高い付加価値を求めて知恵を絞り続ける知恵と改善を実践する重要な項目として位置づけている。トヨタにおける現地現物は、５ゲン主義の「現場・現物・現実」と同じ意味である。例えば、トヨタ生産方式の生みの親である大野耐一氏も著書『トヨタ生産方式―脱規模の経営をめざして』(ダイヤモンド社、1978年)の

1)　トヨタ自動車：「企業理念　トヨタウェイ2001」(https://www.toyota.co.jp/jpn/company/history/75years/data/conditions/philosophy/toyotaway2001.html)

なかで、「生産現場を熟知せずには何ごともできない。生産現場に終日、立ちつくして見よ、そうしたら何をしなければならないかおのずとわかるはずである」と現場・現物・現実を観察する重要性を説いている。

現場に何回も足を運ぶことは、現場にかかわる仕事に非常によい影響を与える。なぜなら、現場で無意識のうちに得た情報や感覚は、本人の気づかないところで蓄積し、現場視点で業務を進めることに役立つからである。現場で得た情報を具体的に表現できなくても、問題意識をもって現場に足を運べば、自分の業務について新たな気づきがあるものである。こうした気づきは、業務に従来とは異なる視点や観点を提供し、新たな発見や見落とした問題に気づかせてくれるヒントになる。現場はすべての部署と結びついているので、現場で得た情報のフィードバックは問題解決に新たな視点を与えてくれるのである。

(2)　原理・原則が必要な理由

現場・現物・現実を重視する「3現主義」を実践している企業は多い。しかし、「これまでどおり3現主義で進めているのに結果が出なくなった」「現場で現物を観察して、現実を理解しているはずなのに問題が解決しない」などの声を管理者や経営者の方からよく聞くようになった。これには、さまざまな原因が考えられるが理由は単純である。それは、実施している対策や解決策が、問題を解決するレベルに至っていないのである。つまり、現場に行って現物を見て、現実を把握して対策や解決策を導出するプロセスが間違っているのである。

問題解決をうまく進めるためには、対策や解決策の実施の前に、問題の解決方法が「原理・原則」に即しているかどうかを十分検討する必要がある。例えば、不良品対策を進めるために製造ラインへ行き、対象の工程と実際の現象を確認したうえで対策を実施したが、歩留まりは改善されなかったという問題を考えてみよう。

状況が改善しないのは対策に問題があるからで、その原因は対策を導出したプロセスにある。つまり、その対策で歩留まりが改善できることをどう考えたか、あるいは不良品が出るメカニズムをどう把握しているかを確認して対策を検討する必要がある。

ここで、次の①〜④について納得できる答えが得られるようであれば、問題解決のプロセスに問題はないといえるだろう。

①　問題は何か？

②　問題の原因は何か？

③　対策は問題をどう解決するのか？

④　効果は何で判断すればよいか？

対策の出来は、その対策が問題をどう解決するかを上記の観点から、原理・原則に従って説明できるかどうかで決まる。仮に、現在の対策で期待した結果が出ない場合でも、上記の①〜④が検討できていれば、対策の修正は可能である。このように、原理・原則から対策のレベル向上を図ることは、確実に問題の分析力や技術力の向上へつながる。

さて、上記で生産現場における不良対策の例を扱ったが、設計や企画、あるいは事務部門でも、結果が出ていない組織は同じ問題を抱えている。こうした組織は３現主義で現場・現物・現実に徹しているのだが、期待する結果が出ないのである。これは解決策を考えるときに必要な原理・原則が抜け落ちていることが主な原因である。対策や解決策の判断基準となる原理・原則が忘れ去られていたり、間違っていたりすれば、永遠に問題が解決することはない。

例えば、開発の現場で問題解決に必要な原理・原則をわかっていないメンバーでプロジェクトを進めるとどうなるか。問題に対する適切な解決策を考えられないばかりか、スケジュールの圧力に負け、思いつきの対策を強引に実施しようとする。そのため、期待する結果や効果は得られず、事態を深刻化させてしまう場合も少なくない。問題の対応を間違えば、解決に必要以上の時間がかかることもある。また、解決策によっては組織を混乱させてしまい、納入先の信用を失う最悪の結果を招く場合もある。筆者は、実際にそういった事態に至ったプロジェクトを何度もこの目で見てきた。

(3)　原理・原則で考える

3現主義の現場・現物・現実は、問題解決における事実重視の行動規範を示している。しかし、場合によっては問題の本質を見失い、的外れの解決策に注力してしまうリスクや3現主義の表面的な意味だけを捉えて活動が形骸化するリスクもある。もしそうなれば、問題解決に費やした時間は徒労に終わるばかりでなく、組織にマイナスの影響を及ぼしかねない。当然のことながら期待した結果は得られず、ベストプラクティスと信じていた現場・現物・現実を重視する活動の意味は失われていく。

3現主義に潜むこうしたリスクは、一つの実践的な教訓を加えることで回避できる。それは、事実を把握する現場・現物・現実に加えて、常に問題解決の判断基準として「原理・原則」を考慮することである。現場・現物・現実と原理・原則の5つの観点が揃えば、問題解決についての以下の問いに対して明確に答えることができるだろう。

① 問題をどう捉え、どう定義するのか？

② 問題の真因は何か？ なぜそれが真因か？

③ 解決策は何に着眼し、問題をどう解決するのか？

5ゲン主義は、3現主義に、原理・原則という2つの要素を加えることで、筋の通った有効な問題解決を可能にするための考え方である。

第2章
5ゲン主義の継承から再考へ

5ゲン主義を継承する筆者の自覚と思いを述べ、今後、製品の付加価値を左右するソフトウェアについて考察する。そして、IoTや人工知能の新しい時代に対応した5ゲン主義を考える。

2.1　5ゲン主義を継承する前に

(1)　父の会社再建を振り返る

(a)　京三電機での使命

これまで何度も触れたが、5ゲン主義という言葉が初めて世に出たのは1989年、今から25年以上前のことだった。当時、父・古畑友三はデンソーの事業部長としての役割を終えて、新天地である京三電機の社長として会社改革に取り組み始めていた。

時代は、ちょうどバブル絶頂期の反動から低成長期に入り、日本経済の先行きは不透明で、今振り返れば「失われた20年」の入口にさしかかっていた。高度成長期の「作れば売れる時代」から低成長期の「売れる物を作る時代」に入り、製造業はこれまでのような売上の増加が見込めない状態に陥っていた。どの企業もどのように利益を出すかが経営の最重要課題となっていた。京三電機も同様の課題を抱えていたが、利益を確保する以前に利益を出しにくい体質が露呈し、いくら努力しても経営状態は決してよくはならなかった。

父は、デンソーからグループ会社である京三電機への出向の命を受けたとき、当時の上司に以下のように質問したという。

「行くのに不満はないけれど、ただ“行け”だけではすっきりしない。何をどうしろというのか。はっきりした使命を聞かせて欲しい」

京三電機の惨憺たる経営状態を危惧していた当時の上司(担当役員)の答えは以下のようだった。

「(会社を)再建してもらいたいのだ。京三電機は“雰囲気が暗い。利益が出ない。品質が悪い”という悪い企業の特徴が三拍子揃った会社だ。これを変えて欲しい」

この言葉に父は「それならわかりました」と、副社長としての出向を了承した。“片道切符”を承知のうえで、である。

(b)　生産現場からの再建

京三電機に赴任した父は、デンソーの担当役員の言葉を思い出した。雰囲気が暗く、利益が出ない、そして、品質が悪いという悪い企業の特徴が三拍子揃った会社。会社を一回りすれば、その実体は手に取るように理解できた。確かに悪の三拍子が揃った会社である、と。また、それと同時に、なぜ会社がこんな状態になってしまったか、そして、なぜこの状態から抜け出せないかについても父は認識できたという。この経緯については、父の著作『社長の机を現場に移せ』(古畑友三・山本健治、日本実業出版社、1998年)に詳しく書かれている。

こうして、会社の状況を一通り把握した父は、京三電機の再建劇を次の一言から始めたという。

「これは宝の山だ。再建できる」

この確信に満ちた言葉を証明するかのように、父は自ら陣頭指揮をとり、具体的な施策を開始した。

副社長時代には社内の体質改善から始め、本丸である生産現場の改革に着手した。父は、社長に就任すると同時に社長室を廃止し、問題のある現場に自らの机を移して、第一線の技術者や作業員と互いに汗をかきながら現場の問題に向き合ったのである。

生産現場では、実際の製造工程の問題箇所を前に、生産技術担当の技術者と油まみれになりながら現場改善を進めた。一方、設計部門や事務部門では、利益計画にもとづいた活動の議論を重ね、品質意識やコスト意識を徹底させ、コスト管理の体系的な仕組みを導入した。

この父の行動と情熱に現場も応えた。そして、社長を退く1995年には会社は見事に甦り、デンソーグループの優良企業へと変貌する。この会社改革を支えていた考え方が「5ゲン主義」である。

父は1995年に社長を退任したが、その後も休む暇もなく亡くなる82歳まで現場指導や経営指導に飛び回った。国内企業の中堅企業や大手企業ばかりでなく、アジア諸国の海外企業やGMなどの米国企業からも要請を受け、世界中のものづくりの現場に足を運んだ。

国内外を問わず、父の現場指導は決して会議室で書類を見て云々することからではなく、実際の問題が起きている現場で技術者や作業者と現場・現物・現実と向き合うことから始めた。そして、常に原理・原則を念頭に置き、原因分析や解決策の追究を現場指導を通して実践し、現場の立て直しを一つの失敗もなく成功させた。

(2)　5ゲン主義の継承―父から息子へ―

(a)　語り継がれる現場哲学

筆者が父と5ゲン主義について深い議論を始めたのは、父が京三電機を退社し生産経営研究所を設立した頃だった。議論の場は自宅の食卓が主で、ときには酒を交わしながらであった。当時、筆者は車載製品におけるソフトウェアの開発責任者の立場にあった。

最初は、父の仕事や技術、マネジメントの思想や哲学を雑談程度に話すくらいだったが、いつの間にか現場の具体的な問題解決、ものづくりの組織や経営のあり方、これからの経営者や技術者のあるべき姿など、企業が抱えている本質的な問題についての真剣な議論へと発展していった。議論が一度始まれば、父は日本のものづくりを憂う一経営者、一指導者としての顔で応えてくれた。筆者は開発現場の可能性を信じる技術者の信念をもって、それに応えた。それゆえ、自然に技術やマネジメントをテーマとした現実的な議論に花が咲いた。

父と筆者は上司と部下の関係であったことは一度もなかった。また、一緒に仕事をした経験も一度もない。単なる親子といえばそれまでである。しかし、当時を振り返ると上司と部下の関係以上に、また一緒に困難な仕事を潜り抜けた仲間以上に、互いにものづくりについてこだわりをもって真剣かつ深く議論ができた。それが可能だったのは、親子ともども、デンソーという企業で技術者としてのキャリアを積み、自分の力で厳しい状況を乗り越えてきたという自負があったからこそと思える。こうして父と議論を繰り返すうちに、いつの間にか筆者にも父と同じ理念と哲学が芽生えていたように思う。

幸い、筆者は大学と大学院で機械工学と電子工学を学び、入社後はソフトウェアだけではなくハードウェア設計の経験もあったので、父とは技術に対する考え方が根本的に対立するようなことはなかった。むしろ、互いの現場の事例や技術、環境変化を積極的に理解することで、それぞれの現場の本質的な問題を見極めようとしていたように思える。

特に現場の問題は、現場固有の技術的な視点で捉えるのではなく、経営や管理、政治や経済、技術革新や製品トレンドにまで視野を広げ、高い視点で問題を捉えることで、新たな仮説や事実が浮かび上がってきたこともある。父との議論を通じて、日本企業の特徴、日本的管理の問題点、製造業の課題など、多くの論点について認識を新たにしてきた。

(b)　継承者としての自覚

筆者は大学院を卒業後、デンソーに入社したが、父とは異なり研究者として会社生活をスタートさせた。研究開発部門、基礎研究所、大学の研究所を経て携帯電話の設計部門へ異動し、その後はナビゲーションの開発に携わることになる。

しかし、筆者は当時、開発業務のストレスからうつ病を発病し、5カ月間の自宅療養を余儀なくされた。その後、開発現場へ復職できたものの症状は完全に解消することはなく、思うように仕事はできなくなっていた。開発業務に限界を感じていた筆者は、携帯電話の設計部門でお世話になった上司の勧めで、現在の職場である技術研修所に籍を置くことにした。当時40歳、ちょうど娘が生まれた年でもあった。

技術者の育成がミッションである技術研修所へ異動したものの、当時の筆者には人に教えられる技術など何一つなかった。すべての技術が中途半端な状態だったのである。今でこそ「自分の専門はソフトウェア開発だ」と胸を張って言えるが、当時は技術者としての自信を失い、将来の展望など全く見失っていた。

病気で思うようにならない心と体に向き合った筆者であるが、立ちはだかる壁を乗り越えるために常に意識したのは、真摯に技術を磨き続けることだった。この苦しい経験があったからこそ、技術者としてのものの見方・考え方を追究できたのだと今だから思える。こうして辿り着いた技術者としての理念や哲学には、父との議論から得た「5ゲン主義」が強く影響している。

「技術者・経営者に最も重要なのは“ものの見方・考え方”である」と、父はことあるごとに話していた。筆者が若い頃にはその意味を理解できなかったが、今ではその意味の重要性を身に染みて感じている。きっとそのせいだろう。筆者は現在、かつての父と同じように現場の改善・改革を目指し、自ら現場に赴き、本質的な問題解決に取り組める技術者の育成に力を注いでいる。不思議な因縁だと思う。実は、現場での指導も技術者との付き合い方も、気づいてみれば父の流儀を踏襲している。その理由を考えてみると、筆者も父も技術指導を通して技術者に伝えたいことは、問題解決に必要な知識や技術だけでなく、むしろ、技術者としてのものの見方・考え方であるからだ。

問題解決に必要な知識・技術を教えることは、実はそれほど難しいことではない。指導すべきは、問題の本質を捉え、解決策を追究して結果を出すために必要な考え方である。これは、つまり、問題解決の意味や意義を高い視点で捉えられる「ものの見方・考え方」といってよい。この考え方が身につけば、どんな分野においても、問題を自律的に発見し、解決に必要な技術を自ら獲得して問題を解決できるようになる。

技術者として、ものの見方・考え方がしっかりしていれば、“一効”を出すことができ、その先にある“一幸”を導くことができる。この“一幸”を追求し続ける技術者の姿勢そのものが「5ゲン主義」の思想であり、その生き方こそが「5ゲン主義」の実践だと日々感じている。

筆者がこうした生き方を意識し、実践するようになったのは父が他界してからである。しかし、この考え方にたどりついたのは40歳でうつ病に倒れ、人生の路頭に迷いながらも技術に真摯に向き合い、技術者である意味を自ら問い続けた結果である。

(3)　製品の付加価値の変化

(a)　ものづくりはソフトウェアの時代へ

昨今、IoT(Internet of Things：もののインターネット)や人工知能に代表されるデジタル革命が注目されているのは、その実体であるソフトウェアがあらゆる産業に大きな影響を与えるようになったからである。今やソフトウェアは、あらゆる工業製品に組み込まれている。自動車をはじめ、携帯電話やテレビ、ビデオやカメラなど、私たちが普段使用する機器は、そのほとんどがソフトウェアでその機能を実現している。最近では、インターネットに接続してソフトウェアを書き換えることで機能の追加や拡張が可能になっている。ユーザーは、製品(ハードウェア)を買い直さなくても、新しい機能やサービスを利用できるようになったのである。このように製品の魅力は、ハードウェアではなくソフトウェアで提供する時代になった。

一方、これまでのものづくりは製品の付加価値をハードウェアで実現してきた。製品開発では、製品の機械的な構造や電気・電子回路の実現方法が付加価値を決め、生産現場では不良を出さないコストを抑えた生産ラインが求められた。特に品質と生産性は、製品のコストに大きく影響したので、どの企業も生産現場の改善に必死に取り組んできた。

5ゲン主義の書籍が刊行されたのは、まさにハードウェアが製品の付加価値を左右した時代であり、赤字の製造部門の再建は企業の収益向上や発展に大きく貢献した。製造部門の収益は工程改善や原価低減によるコスト競争力で決まるが、当時それは企業の競争力そのものであった。5ゲン主義は、生産現場の改善・改革の考え方と実践に明確な指針を与えてくれるので、経営のバイブルとしている企業も多い。

しかし、製品の付加価値がハードウェアからソフトウェアへ移行しつつある今日、5ゲン主義も生産現場を対象とした考え方から、研究、開発、設計、企画、営業に至るすべての企業活動へ展開できるように変えていく必要が出てきた。

(b)　ハードウェアとソフトウェアの違い

ハードウェアは、電子回路や機械部品のように実体を伴う物理的な製品の構成要素である。実際に目に見えるものといってもよい。つまり、製品の構成要素からプログラムを除いたすべての構成部品がハードウェアである。ソフトウェアは実体のないプログラムが対応する。

ハードウェアの設計のアウトプットは設計図面である。設計図面には設計情報がすべて記載されているので、生産現場では図面に従って製品を製造する。このようにハードウェアは設計図面と製品を通して、関係者がコミュニケーションできるところに特徴がある。これがソフトウェアとなると事情が大きく違ってくる。ソフトウェアにはハードウェアのような図面は存在せず、また、実体を伴う製品も存在しない。したがって、従来のものづくりの関係者にしてみればソフトウェアは全く得体の知れない存在になってしまう。

このようにハードウェアの感覚で、ソフトウェアをうまく扱えない理由は、ソフトウェアの開発が従来のものづくりと比べ、次の3つの点について大きく異なることが原因と考えられる。

①　生産現場と直接関係しない。

②　開発プロセスが目に見えない。

③　成果物が難解である。

以下、①～③について解説する。

①　生産現場と直接関係しない。

製品に組み込むソフトウェアはプログラムとして生産ラインの最終工程で製品に書き込む。しかも、生産現場ではプログラムを単なるコンピュータのファイルとして、他のハードウェアの部品と同様に扱う。そのため、ソフトウェア開発部署と生産現場とのかかわりはパソコンのファイルのやりとりだけで、ソフトウェアの機能や作り方が問題になることはない。

このようにソフトウェアは、生産現場から見ると従来のものづくりの一部品でしかないにもかかわらず実体を伴わない。そのため、従来のハードウェアを対象としたものづくりの常識では、ソフトウェアは扱えない存在となっている。

② 開発プロセスが目に見えない。

ソフトウェアの設計・製造・検査の各工程は、コンピュータを使った作業が中心である。開発部署では、ほとんどの技術者がコンピュータに向かって作業をしているため、一見しただけでは何の作業をしているかが判断できない。さらに、各工程で作られる中間成果物であるドキュメントは、ソフトウェアの知識がなければ理解すること自体が難しい。

一方、ハードウェアの設計も、最近はコンピュータ中心の作業であるが、アウトプットの設計図面は一定のルールに従っているので、ある程度の現場経験があれば理解することができる。また、生産現場へ行けばハードウェアの製造工程は目で見て確認できる。

このように図面や製造工程が確認できるハードウェアの感覚で、開発プロセスや中間成果物が簡単には把握できないソフトウェア開発を理解しようとしても簡単にはいかないのである。

③ 成果物が難解である。

ソフトウェア開発の成果物であるプログラムは、製品の動きを制御する手順や論理を記述したものである。プログラムを紙に印刷して、ただ眺めるだけでは到底理解することはできない。高機能な製品であれば、プログラム行数は最近では1000万行を超えるため、プログラムだけでその動作をすべて理解するのは熟練者であってもほとんど不可能に近い。

また、ソフトウェア開発では顧客の要求を仕様化し、それを実現するプログラムを設計する。この顧客の要求を、段階的にプログラムまで詳細化する過程で作成する要求仕様書や設計書などのドキュメントも、簡単に理解できる代物ではない。製品の規模や複雑さにもよるが、大規模な製品ではドキュメントが数百ページに及ぶことさえある。ハードウェア設計で作成する設計書や機械図面や回路図に比べれば、その複雑さや難解さは比べものにならない。

こうした理由により、ハードウェアのものづくりをしてきた技術者や上位職制にとって、ソフトウェアの開発プロセスやドキュメント、プログラムは簡単に理解できないだけでなく、従来の常識が全く通用しないためにソフトウェア開発は未知のものづくりとなっている。そのため、大事な局面で上位職制である開発責任者がソフトウェア開発を配慮した的確な判断ができず、製品開発が取り返しのつかない事態に陥ることも現実にたびたび起きている。

例えば、製品のライフサイクル(導入期、成長期、成熟期、衰退期)を考えてみよう。製品が市場で販売された時点から導入期が始まり、市場で受け入れられると成長期に入る。成長期でシェア拡大のために、新しい機能やサービスを追加すると利益が急激に増加する。そして、次の成熟期では販売の伸びは減速し、衰退期では売上が減少していく。

これまでのハードウェア中心のものづくりでは、次期型製品を開発するときは開発対象を次期型に特定し、VE(Value Engineering)や部品のコストダウンを検討し、原価低減活動をするのが一般的である。

しかし、ソフトウェアは、現時点で製品化しているソフトウェアを再利用して次期型製品を開発することが多い。そのため、あるタイミングで積極的な投資をして、次期型以降も機能を容易に追加できるソフトウェア構造にしておかなければ、製品の成長期では膨大なリソースが必要になってしまう。

ソフトウェアに対してハードウェアの考え方で従来の原価低減を進めると、次期型だけでなくそれ以降の製品も想定したソフトウェア構造へと修正する予算は確保できないだろう。ソフトウェアの構造が悪いと機能の追加や変更が複雑になり、開発に時間がかかるばかりでなく品質は安定しない。だが、大変残念なことに多くの組織ではこの事実に気づかず、製品の成長期で機能やサービスの追加に膨大な費用がかかるようになり、事業の撤退を余儀なくされることもある。

(c)　ソフトウェア開発の課題

2018年3月現在、筆者はデンソー技研センターの技術研修所で、次世代を担うソフトウェアの開発リーダーを育成する研修とその指導を担当し、デンソーのソフトウェア開発現場では事業部からの要請で課題解決型の技術リーダーの育成に取り組んでいる。また、社外では講演やセミナーに出講するほか、最近ではソフトウェア開発について相談を受けることも多い。

このように筆者の仕事は多岐にわたるが、対象としているのはまさにソフトウェアであり、筆者の役割は開発現場の問題解決の支援・指導による次世代を担う技術者の育成である。そこで、筆者が進めている現場での問題解決からソフトウェア開発の課題について考えてみたい。

現場の問題解決は、最初に現状分析として開発課題を中長期の観点から整理する。現場の技術者と議論を重ねながら、あるべき姿と現状との差として問題を定義し、その原因をドキュメントやソースコード、開発プロセスやマネジメントの観点から分析して課題を設定する。そして、解決策を策定し、実際の現場へ適用して問題を解決していく。また、これと並行して問題解決を支援・指導することで、問題解決を正しく進めることができる技術リーダーを育てていく。

問題解決の進め方は、対象がソフトウェアだからといって特別な方法論があるわけではない。一般的な問題解決の進め方と何ら異なるものではない。ただ、前述の「(b)ハードウェアとソフトウェアの違い」で説明したように、ソフトウェアは開発プロセスが複雑で一筋縄では理解できないだけでなく、生産現場と異なり問題が起きている状況を直接確認することができない。さらに、ソフトウェア開発の問題はさまざまな原因が複雑に絡み合って起きているので、問題解決に当たっては、現場・現物・現実の見える化と問題の抽象化が鍵を握る。

「見える化」は、一見しただけではわからない現場の状況や現物である成果物や現実の関係を事実にもとづいて整理することである。また、「抽象化」は不必要な情報を取り去り、注目すべき本質的な情報を抜き出してモデル化することといえる。機械技術者や電気技術者であっても、問題の本質的な解決や原理的にものを考えるときには、必ずモデル化や抽象化を行っているはずである。

頭の中の想像や経験に頼るだけでは現場・現物・現実を正しく把握できない。また、目の前に飛び込んできた状況がさまざまな情報で混沌としていては、問題を的確に把握できない。しかし、ソフトウェア開発では常にこうした状況下での開発が強いられ、それが問題解決をより難しくしているのである。

５ゲン主義の観点からソフトウェア開発に必要な技術を挙げるとすれば、それは現場・現物・現実を見える化する技術である。多くの組織は、この技術が十分でないために現場・現物・現実の抽象化・モデル化ができず、混沌としたなかでソフトウェアを開発せざるをえなくなっている。そのため、従来のものづくりの感覚でソフトウェアを扱おうとすると、理に適った判断ができないのである。

また、現場を見える化できたとしても、抽象化・モデル化にはある種のスキルが必要なため、現実の問題を整理し把握するのは簡単ではない。仮に抽象化・モデル化できたとしても、本質的な問題解決には、ソフトウェア開発の原理・原則の理解が不可欠である。しかし、残念なことに、その原理・原則であるソフトウェア工学を理解している技術者、管理者、経営者が他の技術分野に比べて圧倒的に少ない。日本のものづくりがソフトウェアに苦戦しているのは、まさに、こうした事情からであり、早急に取り組まなければいけないソフトウェア開発の課題を示している。

2.2　5ゲン主義の再考―不易を求め流行を知る―

(1)　5ゲン主義を次の世代へ

これまで説明してきたように、5ゲン主義は、「現場・現物・現実＋原理・原則」を表現しており、その意味は、“現場”へ行って、“現物”を通して、“現実を見て”考えなさいという実践的な行動様式の教訓に、判断の基準となる“原理・原則”を加えたものの見方・考え方である。そして、このものづくり哲学は、個人や企業、社会の発展を目的とし、人々の一幸に帰するという理念にもとづいている。

これが5ゲン主義の基本的な考え方である。それゆえ、これを体得し実践するには現場・現物・現実を正しく把握する技術に加え、原理・原則にもとづいて問題の原因を的確に捉え、適切な解決策を導出する技術が必要となる。そして、これらの技術を追究し、結果を求め続ける姿勢が強く求められる。

父・古畑友三は、赤字の製造部門を建て直すなかで5ゲン主義を提唱し、その後、会社再建や国内外の生産現場の改善・改革を通して、その有効性を示してきた。その具体的な考え方や方法は、第1章で挙げたように、日科技連出版社から出版された5ゲン主義シリーズに詳細に説明されている。

最初の書籍の出版から30年近い月日が経つが、この間にものづくりを取り巻く環境ばかりでなく、ものづくりそのものに大きな変化が起こっている。筆者が専門とするソフトウェアがその典型的な例である。この実体のない概念の領域は、従来の生産現場中心のものづくりの考え方や方法論のままではうまく扱うことができない。今後のものづくりが目指すべき姿や日本の製造業の立ち位置、インターネットによる時代の変化を考えれば、積極的にソフトウェアに取り組んでいくことが製造業として生き残る必須条件となる。

こうした時代の変化を議論しつつ、父・古畑友三と筆者が５ゲン主義の改訂に取り組み始めたのは父が他界するちょうど半年前であった。これまでの生産現場中心の内容から、これからの時代に必要な考え方や方法を取り入れ、設計、開発、研究、企画、営業の各業務にも対応することで、ものづくりを体系的かつ包括的に捉えようとしたのである。これは５ゲン主義の本質を整理し、時代の変化に対応するために実践の対象を生産現場から企業活動全体へと拡張する試みでもあった。

本節では、５ゲン主義の改訂に至ったものづくりでの変化を“これからの時代のものづくり”として整理し、時代に対応した５ゲン主義を実践するための視点について説明する。

(2)　これからの時代のものづくり

(a)　ホワイトカラーの生産性

これまで、日本企業はどちらかといえばハードウェアが中心のものづくりを進めてきた。目に見える実体のある世界で競争してきたのである。したがって、ものづくりの中心は生産現場であり、“設計した製品のQCDをどう作り込むか”、すなわち、How to do(作る方法)を最優先にものづくりの仕組みを構築してきた。

しかし、これからは製品の付加価値をソフトウェアで提供する時代である。それは、“ソフトウェアでどのような価値を提供するか”がものづくりの新しい課題であることを意味する。次の時代のものづくりには、従来の生産現場中心のHow to doに加え、ソフトウェアが実現する機能やサービスが提供する価値、すなわち、What to do(作る対象)を創り出すことに注力しなければならない。社会・顧客・市場の変化から製品が提供する価値を定義し、それらの価値をソフトウェアとハードウェアを使ってユーザーにどう提供していくかが問われる時代になる。

ものづくりの企業が生き残るためには、生産現場中心のものづくりの仕組みや価値観を大きく変えていく必要がある。この課題を解決していくためには、ホワイトカラーの仕事そのものにメスを入れなければならない。なぜなら、これからは、社会が求める付加価値の高い製品を生み出すホワイトカラーの生産性が、ものづくりの成否を握る時代だからである。

しかし、さまざまなマスコミや学者から「日本のホワイトカラーの生産性は、他の先進国と比べて低い」と指摘されて久しい。ハードウェア中心のものづくりは、生産現場の品質や生産性が経営の数字を大きく左右したので、経営課題として取り上げられるのは生産現場の問題ばかりで、ホワイトカラーの生産性が注視されることはなかった。また、これまで、ホワイトカラーの生産性が議論されることは何度かあったが、具体的なアクションがとられることはなかった。これはおそらく、ソフトウェア開発と同様にホワイトカラーの仕事が生産現場の作業のように目で見て確認することができず、再現性も低いためだと考えられる(**図2.1**)。

2.1節(3) (b)の「ハードウェアとソフトウェアの違い」で説明したように、ホワイトカラーの仕事の多くは、ソフトウェア開発のように生産現場と直接関係せず、また、開発プロセスの把握が困難で成果物が複雑であるため、生産現場のような効果的な改善ができていなかった。そのため、ホワイトカラーの現場は、まだまだ改善しがいがある「宝の山」といえるのである。

今後は、ホワイトカラーやソフトウェアが扱う範囲や量はますます拡大し、その内容はさらに複雑になるのは明らかである。さらに、社会の変化や技術進化のスピードに適応していかなければならない。目に見えないホワイトカラーの仕事やソフトウェアをどのように可視化するの

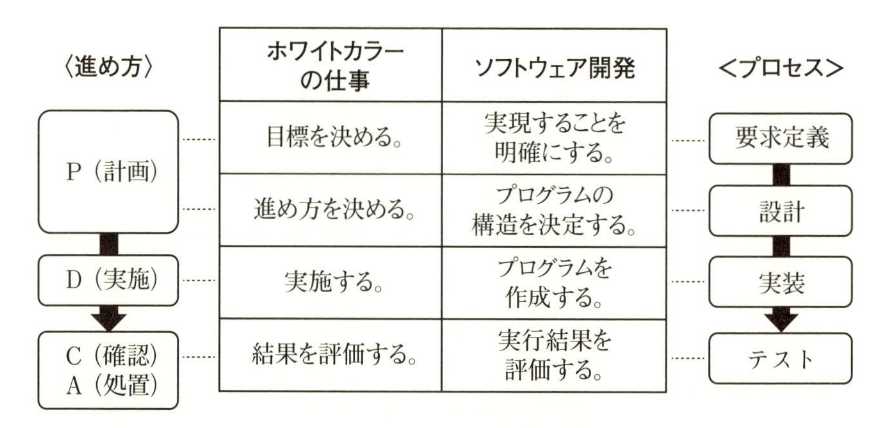

図 2.1　ホワイトカラーの仕事とソフトウェア開発

か、ホワイトカラーの生産性をいかに向上させるのか、どうしたら時代に合った付加価値を創出できるか……。もはや、こうした課題に手をこまねいているようでは時代に取り残されてしまうだろう。

(b)　製造業を取り巻く環境の変化

ものづくりの変化に対応しなければいけないのは、製品やホワイトカラーの仕事だけではない。日本のものづくりを取り巻く環境も、大きく変化しつつある。これまで製造業の成長を支えていた前提が崩れ始めたのである。

振り返ってみれば、戦後から1991年のバブル崩壊まで日本の製造業は、製品の機能よりもむしろ品質を武器に急成長した。「Japan as No.1」と賞賛された時代もあった。1985年のプラザ合意後には急激な円高ドル安に直面したが、生産拠点を海外に移すことで競争力を維持してきた。そして現在では、日本経済は「失われた20年」とよばれる低成長時代を迎え、ものづくりに大きな影響を及ぼす次の3つの変化が進んでいる。それは、BRICS、VISTAなど新興国の台頭、国内の生産年齢人口の減少、そして、国内需要の低迷である。

2000年以降にグローバル競争は本格化し、BRICSやVISTAなどの発展途上国が国際競争に参入してきた。これまで市場だったはずの発展途上国が、コスト競争力を武器にものづくりのライバルとして出現したのである。しかし、日本では、少子高齢化時代に入り、生産年齢人口は減少、国内需要は低迷して、もはや持続的な経済成長は難しい状態にある。

日本の製造業の発展は、国内に優秀で潤沢な労働力を確保できたことから始まる。国内で競争力をつけた製造業は、国内需要を喚起し製造業と経済の規模が互いに影響を及ぼしながら、ともに成長していくという好循環を生み出した。当時、品質やコスト競争力で日本企業を凌駕する企業は世界には存在しなかったため、海外市場にも積極的に参入し成長軌道に乗ることができた。しかし、現在、この成長モデルは根底から崩れつつある。国内市場では、消費者の価値観が多様化し、売れる製品の開発が難しくなってきた。また、市場の拡大に伴い、生産現場では品質やコストの問題が顕在化している。さらに、日本企業では円高への対応も含め、海外生産への移行、部品の海外調達などのグローバル化も日常化している。

日本の製造業は、こうした状況を踏まえ環境変化に対応した新たなものづくりの実現が求められている。それは、生産年齢人口の減少に対応した、他社には簡単にマネできない競争力のあるものづくりである。

(c)　IoT、人工知能の時代

こうした製造業の環境変化に加え、別次元ともいえる大きな変化は、製造業のデジタル革命と期待されるIoT（Internet of Things：もののインターネット）と人工知能の製造業への適用である。IoTはありとあらゆるモノがインターネットに接続する世界を実現する技術であり、人工知能はこれまで人間にしかできなかった知識労働を代替する技術である。

すでにドイツでは「Industrie 4.0(インダストリー 4.0)」、米国では「Industrial Internet(インダストリアル・インターネット)」として具体的な取組みを始めている。また、こうした製造業の形態を一変させる可能性がある技術革新は、"第４次産業革命"として位置づけられ、世界中で技術開発が加速している。

産業革命の歴史は、技術革新によって人間の作業を代替してきた歴史でもある。ここで、今まで起きた産業革命の歴史を振り返ってみよう。

第１次産業革命は蒸気機関による動力源の刷新である。蒸気機関により、それまで人手に頼っていた産業を機械化することで機械工業が成立した。第２次産業革命は電力による技術革新である。送電技術により、場所を特定しない機械への電力供給が可能となったので、大量生産方式が一般的になった。第３次産業革命はコンピュータによる技術革新である。コンピュータによって、さまざまな情報を扱うことが可能となり、それまで人にしかできなかった作業も機械が代替できるようになった。

このような幾度の産業革命を経て、人間の作業を機械やコンピュータに処理させる事態が進行し、産業構造が大きく変化していった。それは当時あった多くの仕事を喪失させ、それと同時に新しい産業やサービスを生み出す歴史でもあった。

IoT や人工知能による第４次産業革命では、インターネットにすべてのモノを接続することで広範囲にわたる大規模なシステムを構成する。これにより、一つひとつのモノから得られる情報に対して、インターネット上の人工知能が高度な知識処理を行うことが可能となる。このようにして、それぞれのモノを人間に非常に近いレベルで動作させることで、さまざまなサービスが可能になる。

IoT と人工知能がこれからのものづくりを大きく変えていくことは確

実である。この2つの技術が機械の知能化と自律化を加速させ、今まで以上に社会に浸透すれば、我々のライフスタイルは一変する。生活の利便性や快適性は向上するが、消滅する職業も確実に増え、失業や雇用の問題も含めて社会構造は大きく変わっていくだろう。

(3)　時代に対応した5ゲン主義へ

幾多もの産業革命を経ながら変化してきた世界の歴史は、これからのものづくりは過去の延長線上には決してないことを警告している。第4次産業革命がものづくりに及ぼす影響は非常に大きく、これまでと同じ姿勢や考え方では、未来に自分の会社や職業が存続することさえ危うくなる。ここで、(2)で説明した環境変化とこれからのものづくりの関係を整理すると**図2.2**のようになる。

第4次産業革命が進み、製品の付加価値がソフトウェアにシフトすれば、生産現場に加えてホワイトカラーの仕事の質や生産性が課題となる。なかでもソフトウェア開発にかかわる技術者の業務改善・改革は必

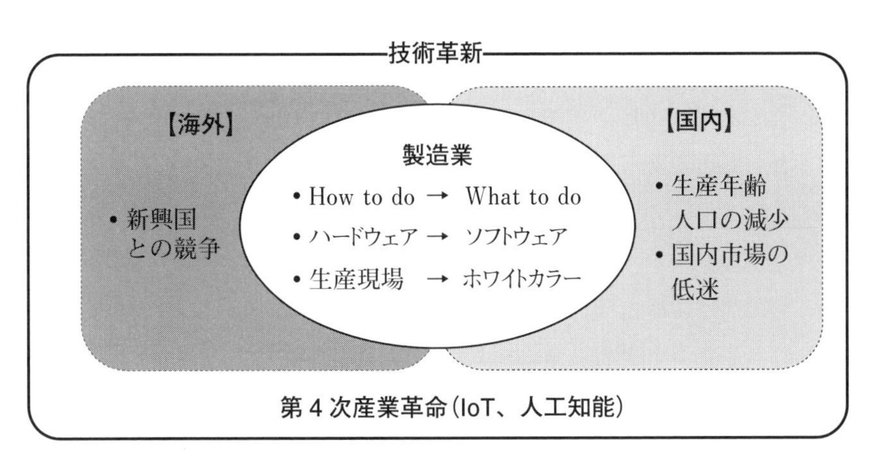

図2.2　環境変化とものづくり

須である。これまでの製品や生産現場と異なり、目に見えない領域への対応が迫られているからである。

特にソフトウェアや第４次産業革命が牽引するインターネットの世界は、見えないばかりでなく、技術進歩のスピードが従来の技術よりはるかに速い。また、この分野の技術革新は段階的ではなく、断続的に起きる。さらに、確立した技術は指数関数的に普及する特徴がある。

こうした技術革新の時代には、新たな価値を提供できる製品の需要が高まり、それに適したものづくりが求められる。インターネットを介したものづくりでは、ステークホルダーの数は増え、ホワイトカラーの仕事のプロセスはさらに複雑になっていく。

また、グローバル市場でコスト競争力のある新興国と対峙していくためには、少子高齢化による労働力の問題の解決は急務である。少子高齢化の克服や新興国との競争では、日本がこれまで経験したことのない未知のものづくりの領域に踏み込まなければならない。

このように今まで経験がなく、実体が簡単に掴めない不確かな領域でのものづくりを５ゲン主義の観点で考えてみると、次の３点についての検討が必要である。

①　現状の分析能力の向上

②　時代に即した原理・原則の習得

③　実践のスピードアップ

以下、①～③について解説する。

①　現状の分析能力の向上

現状を分析する能力とは、５ゲン主義における現場・現物・現実を捉える能力のことである。ソフトウェアやホワイトカラーの仕事が見えないからといって、現実から目を背けてしまえば、日々の状況判断さえできなくなってしまう。真実は現実のなかにしかない。事実にもとづき、現場・現物・現実を見える化して、抽象化・モデル化を通して製品やプロセスを理解できれば、従来と同じ問題解決が可能となる。

②　時代に即した原理・原則の習得

問題解決には、その問題の原因や解決策の妥当性を判断できる時代に対応した原理・原則が必要である。IoT の時代なら、インターネットを活用する原則は必須であり、その原理について理解していなければ問題解決の指針は得られない。また、先進国との競争で得た勝ちパターンやルール、労働に対するこれまでの見方は、現在の環境の変化に合うように変えていく必要がある。

時代に即した原理・原則を習得するためには、まず、技術革新や環境変化の観点から、今まで経験的に学習してきたものづくりの判断基準を疑うことから始めなければならない。さらに、これからのものづくりに必要な基本原理や仕組みを学習し、価値観を変えていくことが求められる。

③　実践のスピードアップ

見えない領域や未知の世界での問題解決は、「どれだけ競争領域の知見を獲得できるか」がその結果を左右する。実体が把握できない不確実性の高い世界では、試行錯誤のスピードを上げ、実践を通じて必要な知見を獲得していく以外に問題解決の精度を上げる方法はない。もちろん、実践する前提として、問題の可視化、抽象化・モデル化は必須であるが、ここまでは分析の段階であり仮説の域を出ない。そこで、実践を通して仮説検証を繰り返すことで、対象とする世界や領域の知見を獲得し、原理・原則を再確認して、問題解決のスピードと精度を確保するのである。

以上からもわかるように、製品や技術、ものづくりの環境がいかに変化しようとも、5ゲン主義における現場・現実・現物の捉え方と、原理・原則にもとづく問題解決の本質は変わらない。ただ、時代の変化によって現場・現物・現実が複雑になったため、その分析や把握に新たな方法が必要になっただけである。また、問題解決に必要な原理・原則を時代に合わせて、見直す必要が出てきたのである。

5ゲン主義を次の時代へ引き継ぐとは、5ゲン主義の理念にもとづいて、新たな課題に対応できる現場・現物・現実へのアプローチや考え方を体系化し、問題解決の基準となる原理・原則を模索することで時代の変化に対応していくことに他ならない。

第3章では、5ゲン主義の基本的な考え方を「5ゲン主義の実践」として整理し、それ以降の章でこれからの時代の「管理」(**第4章**)、「問題解決」(**第5章**)、「人材育成」(**第6章**)に対する5ゲン主義の考え方や問題解決の具体的な方法について解説する。

第３章
5ゲン主義の実践

企業活動における変化を整理し、変化に対処する５ゲン主義の考え方を固有技術、管理技術の観点から説明する。そのうえで、５ゲン主義を現場で実践する考え方を解説する。

3.1　企業活動における５ゲン主義

(1)　企業における仕事とは？

企業経営は、経営資源である人・物・金・情報に何らかの「変化」を与えることで「付加価値」を創出する活動である。人・物・金・情報は、四大経営資源とよばれているが、個々の資源や資源間の相互作用に対して変化をマネジメントすることで付加価値の最大化を狙う。これが企業経営の目的である。

変化をマネジメントするということは、四大経営資源のそれぞれを把握して各経営資源の付加価値を高めると同時に、企業全体の付加価値を最大化するために、人・物・金・情報を効果的に結びつけて結果を出すことである。つまり、優秀な経営とは付加価値を効率的に生み出し続ける能力であり、その能力こそが企業の競争力である。この経営の変化と付加価値の関係は、どの職場、どの職種にも当てはめて考えることができる。仕事の種類や範囲は違っても、経営資源に変化を与えて付加価値の最大化を追求することは、仕事の基本である。

研究開発部門にとっては、新しい材料や現象の発見、あるいは製品の新機能・新サービスを開発することが「変化」であり、この成果が付加価値の創出につながる。一方、設計部門の「変化」は、製品自身がもつ付加価値を向上させることである。機能や構造、部品や材料といった製品の特性を変化させることで、より高い利便性や機能性、あるいは低コストを付加価値として製品の新しい魅力を創り出す。

生産部門であれば、材料や部品から製品を加工し、組み立てることそのものが「変化」である。このとき、生産の付加価値を最大化するためには、加工や組立の品質や生産性を改善することが課題になる。設計における変化が「どんな製品を作るか」という“What”とすれば、生産における変化は「製品をいかに作るか」の“How”ということになる。また、営業部門は、お客様の数や満足度が付加価値と考えられるので、これらを最大化する「変化」を担当する部署といえる。

このように企業内の各部門が創り出す「付加価値」を有機的に結び付けて、お客様に喜んでもらえる製品やサービスとして提供することが企業の使命であり存在意義である。それは、企業内の各部署や個人についても同様で、創出する付加価値が、その企業の製品やサービスにつながるものでなければ、その仕事は企業活動とはいえない(図3.1)。

図3.1　企業の活動

(2) 5ゲン主義と変化

5ゲン主義は、生産現場で長年にわたり培われてきた“ものづくりの思想”であり、生産現場で実証されてきた現場哲学である(**第1章**)。ものづくりを四大経営資源(人・物・金・情報)に変化を与えて付加価値を生み出す行為と捉えると、5ゲン主義はどの企業活動に対しても適用できる有効な考え方であることがわかる。

仕事における変化、付加価値、経営資源は、5ゲン主義の3現(現場・現物・現実)と2原(原理・原則)を使って表現できる。3現(現場・現物・現実)の観点から仕事を考えると、「変化」は仕事そのものであり、必ず“現場”で起きている。変化の対象は、経営資源(人・物・金・情報)のいずれかの“現物”である。これに、「変化」を与えて経営資源から付加価値を創出する状態が“現実”として捉えることができる。

第1章では、3現主義を“現場”へ行って、“現物”を通して、“現実”を見て考えることと説明したが、現場・現物・現実は常に変化しているので、変化を起こしている場所へ行って、変化しているモノを通して、変化の起きている状況を見て考えるという意味にも理解できる。このように必要な状況に対応して解釈することで、5ゲン主義は対象に応じた具体的かつ現実的な指針となる。

一方、2原(原理・原則)は、変化を評価するモノサシであり、同時に変化が起きる根拠でもある。つまり、今ある経営資源に変化を与えて、付加価値を生み出す一連のプロセスが“原理・原則”に合っているかを確認することで、変化の妥当性を検証できる。

研究開発部門の原理・原則である変化のモノサシは、工学や自然現象そのものであり、設計部署では設計技法や設計ルールがこれに当たる。生産部門では物理現象や作業標準、品質に対する考え方が変化の判断基準であり、営業では業界のルールや製品のマニュアルなどが相当する。ものづくりでは、一つひとつの変化が、対象とする領域の原理・原則に合っているかどうかを考えていけば、変化を起こす方法である仕事の進め方を改善することができる。

５ゲン主義は、現場・現物・現実で起きている「変化」を、原理・原則というモノサシで評価し、問題を分析し、解決する新たな「変化」を起こす考え方といってもよい。生産現場の改善活動を確実に結果へと結びつけるため、５ゲン主義は問題解決能力を高める考え方、行動指針としてまとめられた。その問題解決の具体的な進め方は次のようなものである。

①　問題の本質的な原因に対する解決方法を検討する。
②　①で検討した方法を現場で実施して問題を解決する。
③　①、②での問題の捉え方や解決方法を一般化して展開する。

問題解決の対象は、生産現場で起きている個別の問題であるが、それぞれの問題の原因に対して問題解決を進め、その成功体験から得た問題分析や解決の方法を一般化して展開する。一般化のレベルにもよるが、この過程で得られる問題分析の考え方や解決方法のエッセンスはどんな仕事にも参考になるはずである。

この取組みは改善活動や問題解決の一般的な進め方と全く同じである。つまり、５ゲン主義は生産現場の改善活動を通して洗練された問題解決のための“ものの見方・考え方”といってよい。すなわち、５ゲンの意義は、生産現場の改善活動で検証された問題解決を成功させるための視点・観点を示していることにある。

実際、父・古畑友三が京三電機を再建したとき、その経営改革を支えたのはデンソーの生産現場で父自身が確立した５ゲン主義の理念や哲学であった。これは、経営においても５ゲン主義が有効であることを示している。

(3)　変化の種類

変化を通じて付加価値を創出し、社会に貢献するのが企業の使命であり、組織・個人も同様に変化により会社に貢献する付加価値を生み出す。これが企業活動の基本である。そして、この付加価値を生み出す変化を起こすための考え方が5ゲン主義である。しかし、現実には変化により付加価値を生むつもりであっても、結果的に問題を起こしてしまう場合もある。

例えば、「よかれ」と思って実施した施策(変化)が、思わぬ問題を起こす場合がある。また、急な依頼に対して拙速に対応したために、先方に迷惑をかけてしまった経験は誰にでもあるだろう。さらに広い視点で変化を捉えると、2008年のいわゆるリーマンショックによる世界経済の失速や、法律などのルール改正も変化の一つと考えることができる。

こうした変化を、変化に対する人の意志(意図的・偶発的)と、その規則性(定期的・不定期的)で整理したのが表3.1である。表3.1の定期的変化と偶発的変化は、それぞれ意味が相反するため、両者を満たす変化

表3.1　変化の種類

意志＼規則性	定期的	不定期的
意図的	意図的変化 • 人事異動 • 棚卸し(半期) • 設備の定期点検 • 年間計画の作成	意図的変化 • 工程変更 • 設計変更 • 新製品開発 • 新規顧客開拓
偶発的	——	偶発的変化 • 設備の故障、異常 • 開発の遅れ • 不具合の発生 • 担当者の体調不良

は存在しない。すると、企業内の変化は大きく「意図的変化」と「偶発的変化」に分けて考えることができる。この２つについて、以下に説明する。

(a)　意図的変化

意図的変化は、人の意志や意図によって起こす変化であり、変化を起こすタイミングにより、「定期的な変化」と「不定期的な変化」に分けて考えることができる。

①　定期的な変化

企業における定期的な意図的変化の代表例は人事異動である。年１回あるいは２回、決まった時期に組織を変更し社員の配置・役職を変える。その他に、半期ごとに実施する棚卸しや設備の定期点検、年度始めに行う年間計画の作成などがある。こうした定期的な会社の行事や実施事項は、決まった手順で実施することが多く、問題となることは少ない。定期的な意図的変化は、このように確立した業務プロセスをもった変化である。

②　不定期的な変化

不定期な意図的変化は、新たな付加価値を出すために意図的に起こす変化である。これまで実施したことのある変化もあれば、全く新しい試みもある。生産現場では工程やレイアウトの変更がこれに当たり、設計部署では設計変更や新製品開発、営業部署では新規顧客開拓がこれに当たる。

これらの変化は不定期であるが意図的に実施するため、変化させる準備や実施するプロセスを十分検討することができる。しかし、変化が従来の活動と大きく異なる場合は、経験がないために多くの問題が発生する。さらに、技術や環境の変化が激しい今日では、その変化に従来の知識や技術では対応できない場合や、あるいは、これまで全く経験のない変化である場合が増えてきている。

例えば、10年前の新製品開発では、インターネットの存在など考慮せず、従来の延長線上で機能を検討すればよかった。しかし、現在は、どのような機器でもインターネット接続は当たり前の機能になっている。当然のことながら、インターネット接続に対応した新製品を開発しようとすれば、インターネットに関する知識や技術は必須である。問題は、こうした技術を予測し、準備できたかどうかである。

このように、時代が大きく変化している現代で技術進化やそれに伴う環境変化のスピードに対応できていなければ、たとえ意図的な変化であっても、容易に変化のプロセスを設計することはできない。たとえ設計できたとしても、次の時代の準備ができていなければ、従来の考え方を反映したプロセスでしかなく、思うような結果を出すことはできない。

(b)　偶発的変化

偶発的変化は突発的に発生することが多いので、予測するのは非常に困難である。また、この変化が段階的に発生する場合には、その微妙な差を感じ取る工夫が必要となる。例えば、設備の故障や異常、開発の遅れ、不具合の発生がこの変化に相当する。また、担当者の体調不良や現場の小さな異常なども、この変化に含まれる。こうした偶発的変化を予測するプロセスは存在しないため、対応は組織や個人の能力に頼らざるをえない。

一般的に偶発的変化が発生すると、通常の業務では対応できず、必ずなにがしかの問題が発生する。また、この変化は不定期で予測できないため、問題が発生した業務をよく把握していなければ発見するのが非常に難しい。例えば、機械の小さな異常は、機械が正常に動作している通常の状態を十分把握していなければ変化として認識するのは難しい。また、担当者に体調不良があっても、担当者の日頃の健康状態を知らなければ体調の変化に気づくことはできない。

こうした変化を発見するためには、対象の定常状態を基準として日頃から“現場・現物・現実”をよく観察する以外に方法はない。特に、変化が小さい場合や段階的に発生する場合は、定常状態を細部に至るまで把握していなければ変化を発見することができない。偶発的変化に対しては、“現場・現物・現実”の観察以外に対処する方法はないのである。

偶発的変化は、発生後に発見していては手遅れになる場合もあるので、事前に予測することが必要となる。確かに偶発的に起きる変化を予測するのは簡単ではない。しかし、ある程度予測できれば、偶発的な変化は不定期の意図的変化として扱えるため、将来に備えることが可能となる。偶発的といっても、何の前触れもなく、ある日突然発生する変化はほとんどない。認識できていないだけで、変化の兆候は必ずどこかにあるものだ。変化が確認できてから振り返ってみると、「なるほど」と納得できる事象がいくつか起こっているものである。特に、**表 3.1** で取り上げている設備の故障、異常、開発の遅れなどについては、変化の前に必ず何か兆候があるはずである。この変化の兆候である現象や事象を定常状態のなかから見つけ出し、偶発的変化を予測することができれば問題は確実に減少する。

偶発的変化への対処は、一般的にリスク管理や未然防止が有効だといわれているが、優秀な管理者は特にそういった手法を意識しなくても変化への対応が普通にできている。それは、通常の状態を日頃から気にかけることで変化の兆候を直感的に感じて、準備や対策を人より早く実施しているからである。

(4)　5ゲン主義で変化に対処する

変化の結果が付加価値となるのか、あるいは新たな問題となるのかは、その変化がどれくらい原理・原則を踏まえたものかによって決まる。原理・原則に合っていない場合は、その変化はいつか必ず異常となって顕在化し、やがては大きな問題に発展していく。

前節で説明した2つの変化(意図的変化・偶発的変化)と付加価値の関係を示したのが図3.2である。

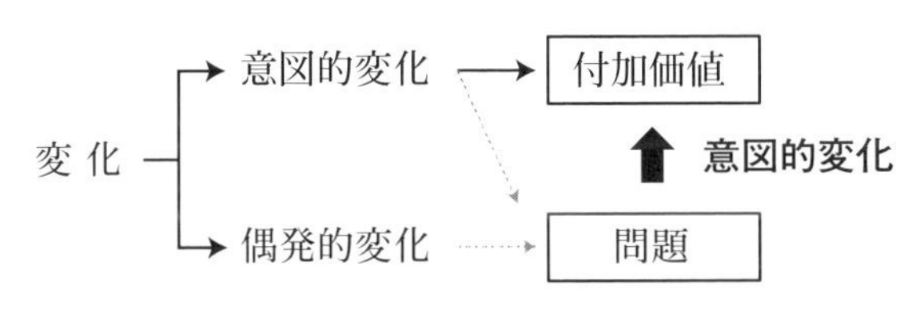

図3.2　変化と付加価値

意図的変化は主体的に起こす変化である。目指す姿を付加価値を生む状態として、現状との差を埋める手段を考えていく。その際、現場・現物・現実を分析して問題領域の原理・原則に合った手段により、必要な変化を促すのが5ゲン主義の基本的な考え方である。現場・現物・現実に適した手段であるかどうか、原理・原則を踏まえた変化であるかどうかが、結果を出せるかどうかの指標となる。ここを間違えると、せっかく起こした変化も、結果として問題を起こしてしまうことになる。

一方、偶発的変化は予測が難しいため、大きな問題を引き起こしてしまうことが多い。そこで、起きた問題に対しては、意図的に変化を起こして元の状態に戻す必要がある。問題が起きたのは、原理・原則に合わない変化が原因なので、目指す姿を問題発生前の状態(元の状態)として問題の原因を明確にし、解決方法を原理・原則に即して考えればよい。これを意図的変化として実施すれば、付加価値の出る元の状態へ戻すことができる。

意図的変化は、あるべき姿と現状の差に対して現場・現物・現実の分析を行うことで、原理・原則にもとづいて付加価値を生むためのアプローチといえる。それは、同時に問題解決のプロセスでもある。また、現場・現物・現実を常に把握できていれば、現場のささいな変化も早期に発見でき、原理・原則に合った対策を行うことで偶発的変化に対するリスク管理や未然防止も可能となる。経営は最大の付加価値を目指して、経営資源に変化を与え続けることであると説明したが(3.1節(1))、5ゲン主義は問題を解決し付加価値を生むための企業活動すべてに必要な考え方なのである。

(5)　固有技術と管理技術

経営資源から付加価値を生み出す変化には、「固有技術」と「管理技術」が大きくかかわっている(図3.3)。固有技術と管理技術は会社の両輪とよくいわれるが、言葉の定義は次のとおり[1)]である。

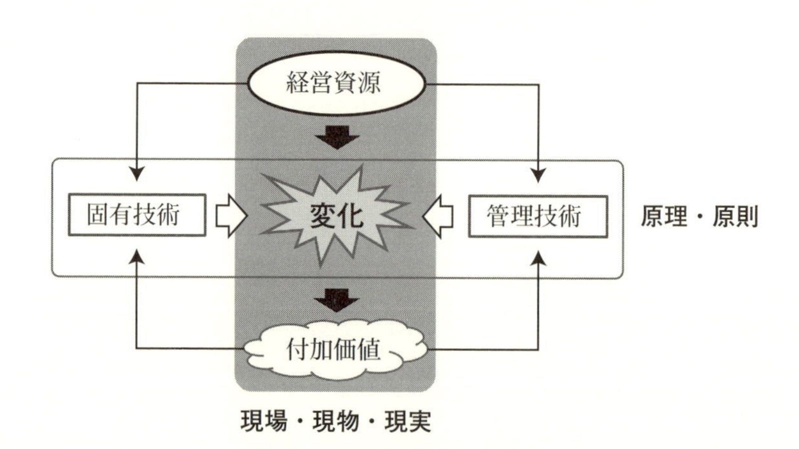

図3.3　固有技術と管理技術

1)　日本科学技術連盟：「TQM・品質管理」(https://www.juse.or.jp/tqm/about/01.html)

- 固有技術：ものを作ったり、サービスを提供したりするときに必要な技術(設計開発や製品加工などの技術)
- 管理技術：固有技術などを安定的に発揮し、製品やサービスを一定水準に保つために必要な技術(品質管理など)

通常、技術というと、どうしても固有技術のほうをイメージしがちだが、これら2つの技術はどちらかがあればよいというものではなく、両方をバランスよく備えている必要がある。特に製造業やITを専門とする企業では、「固有技術」が製品やサービスの質を大きく左右する。しかし、効率よく製品を開発・製造したり、サービスを展開するには「管理技術」が必要不可欠である。

固有技術は製品やサービスの品質を決定するもので、必ず原理の裏づけがある。当然ながら、技術がなければものづくりは成立しない。ここでいう「固有技術」とは、物理現象にもとづく原理および、それから導かれる原則を現実に応用する手段のことで、例えば、切削・メッキ・強度設計・回路設計・システム設計・モジュール設計などである。それぞれの固有技術の分野には、その技術を使って製品をつくるための技法や工法の知識体系がある。そして、時代の要求や社会のニーズに対応して技法や工法を刷新し、新たなツールや設備、方法論を考え出して固有技術を進化させてきた。

しかし、固有技術だけで付加価値を効率的・効果的に生み出し続けることは難しい。たとえ高い固有技術があっても、企業として高い業績を維持し続けることは簡単ではないのだ。確かに固有技術があれば競争力のある製品を開発できるが、品質やコストに加えてスピードが要求される現代では、管理技術がなければ開発は成り立たない。つまり、管理技術がなければ固有技術を生かすことができないのである。企業が成長するためには固有技術と同様に管理技術が必要であり、管理技術も時代に合わせて進化させなければならない。管理技術の代表的な例が、品質管理やサプライチェーンマネジメントである。

「管理技術」は、経営上の目標を達成するために問題を発見・定義し、それに対する有効な解決策を全社に展開する一連の流れを支援する技術である。言い換えれば、管理技術は、問題解決を効率よく進めるために資金や設備、人的資源などの限られた経営資源を効果的に投資する技術である。したがって、管理技術は固有技術とは直接関係ないが、どの企業にも必要な企業競争力の基盤となる技術であるといえる。

また、管理技術は問題を顕在化する技術でもある。しかし、顕在化した問題を解決するのは固有技術であることを忘れてはいけない。問題の顕在化までが管理技術の範囲であり、管理技術だけでは問題は解決しない。優秀な技術者がいるにもかかわらず、品質問題が絶えない組織は明らかに管理技術に問題があるということになる。

例えば、不良の多い工程やプロセスに対して再発防止を検討することがある。このとき、管理技術を使えば、問題解決の組織的な枠組みを整備したり、どこの工程やプロセスに問題があり、何が起きているかは顕在化できる。しかし、固有技術がなければ、問題を顕在化することはできても、原因を正しく分析して問題を本質的に解決することはできない。

固有技術なきものづくりは市場から淘汰される。当然だが、管理技術だけではものづくりは成立しない。したがって、まず、固有技術ありきである。そして、固有技術があることで管理技術はより有効に機能し、管理技術自身も進歩・進化することができる。付加価値の高い製品を安定して作り続け、競争優位を維持していくためには、固有技術と管理技術の両方がバランスよく必要なのである。

3.2　5ゲン主義：実践のセオリー

(1)　実践＝思考＋行動

5ゲン主義の実践は、現場に対してより高い付加価値を生み出すための意図的変化を、効率的かつ効果的に進めるために思考して行動することといってもよい。変化を促進するために、固有技術・管理技術を駆使し、付加価値が最大になるように、「思考」と「行動」を繰り返して問題を解決していくのである。

問題解決の最初のステップは、思考停止の状態から脱して「なぜ、そうなっているか」「なぜ、問題が起きているのか」「なぜ、この方法でうまくいくのか」を考える思考にある。しかし、今、現場では、この考えるということができない思考停止した技術者や管理者が増えているように思える。例えば、生産ラインに不良品が出ている場合、どのように対策を検討するだろうか。現場から報告されるデータやレポートをきれいに整理して、机の上でいくら考えたところで対策は出てこない。にもかかわらず、こうした姿勢で仕事を進める技術者や管理者が増えているのだ。これでは思考停止するのも当然である。

「思考」は、頭の中であれこれ想像をめぐらすことではない。それは、考えたことを現実の世界で確かめ、目に見える形にすることで、アイデアや仮説の実現可能性を高めていくことである。生産ラインの不良品の例は、問題のある工程を分析し、不良品の原因を追究して解決策を検討するのが基本である。たとえ机上で解決の糸口が摑めたとしても、それを問題の起こっている現場で検証しなければ問題を解決することはできないのである。

こうした問題解決の進め方は、生産現場では「そんなことは当たり前に行われていることだ」と考える人は多い。ところが、いざ問題が起きると、きれいに整理したデータを部下や関係部署に要求して、問題の起きた現場や現物を見ずに資料作りに専念する人が実際にいるのだ。このタイプの人たちは、無意識のうちに現実で起きている問題よりも、きれいにまとめたデータを上司へ報告することに価値を置いている。その理由は、おそらく手を汚したくない、手間をかけたくない、上司に早くきれいに説明したい、上司に評価されたい程度のことだと思うが、どれも企業人としては全くおかしな話である。

特に、設計や開発、営業の現場では問題の発生場所が広範囲で物理的に離れているために、現場からのデータだけで対策を検討せざるを得ない場合がある。例えば、社外に発注した設計業務や、遠方にある施設での実験、あるいは海外での営業活動などがそうである。

こうした場合も、現場からのデータや状況を聞いて解決策について思いを巡らせても、所詮それは“根拠のない対策”でしかない。不具合が収まらないプロジェクトや販売成績が一向に改善されない営業活動では、こうした根拠のない思いつきの対策が違和感なく行われている。的を射た対策の第一歩は、データから読み取れる原因を現場・現物・現実で正しく捉えることである。

ここで、注意したいのは、“データは現場・現物・現実の一局面を表しているにすぎない”ということである。データから得られる知見や仮説は、問題のメカニズムや対策を考えるきっかけにすぎない。問題の原因や解決策は、現場・現物・現実で確認して、原理・原則の観点から判断・検証して初めて確信がもてるのである。特に費用がかかる解決策の場合には、確証がもてるまでは実行に移すべきではない。

思考の起点は、現場・現物・現実の具体的な事実から入るべきで、最初から抽象的に問題を扱っていては有効な解決策を導くことはできない。過去の経験や実績にもとづいて問題を解決する場合も同じである。うまくいった解決策の上辺を真似たところで効果は出ない。問題は現場・現物・現実で起きている。まずは、3現主義で問題を把握し、その問題の原因を原理・原則に即して考えることから始めるのが問題解決の定石である。また、この思考そのものが5ゲン主義の考え方である。

そして、問題のメカニズムや原因が理解できたら、問題の解決方法を検討する。解決方法は、現場で実行可能な具体的な行動レベルまで落とし込み、その妥当性を原理・原則にもとづいて検証して実行に移す。解決方法は正しいと確信できるまでは、安易に実行に移すべきではないだろう。そして、一度行動に移したら、あらゆる困難と障害を克服して、問題を解決するまで思考と行動を繰り返す。

このように原理・原則を理解して、現場・現実・現物を踏まえて問題解決に臨めば必ず状況は一歩前へ進む。たとえ、思うような成果が出なかったとしても、解決のための新たな課題や見落としていた改善点が明確になり、新たな問題意識と考え方が生まれてくる。まさに、このステップを繰り返して問題を解決することが、企業の付加価値を最大にすることなのである。

(2)　問題の定義―問題が何かを把握する―

それでは、問題解決を進める場合、具体的にどういう観点から仕事を見直していったらよいだろうか。この質問に答えるためには、「現状の問題はこれ。課題はこれ。だから、こういう目的でこれをこうする」と自分の仕事について筋道を立てて説明できるか考えてみるとよい。

現場の技術者であろうと管理職であろうと、あるいは社長であろうと一担当者であろうと、役職によって責任の重さは異なるが、問題解決の観点は同じである。ここで、この観点を質問形式として整理し、まとめたのが以下の①～⑤である。

①　担当する現場の問題は何ですか？

②　問題の原因は何ですか？

③　対策はどうしていますか？

④　期待する効果は何ですか？

⑤　結果はどのように判断しますか？

以上の質問は、管理者のマネジメント力や技術者の問題解決に対する姿勢をチェックする際、筆者が実際に現場で使用している質問である。

①〜⑤が示すように、問題解決は自分が担当する現場の問題を定義することが最初のステップである。そして、問題の原因を分析し、解決策を具体的に決定したら、効果を測るモノサシ(基準)を定義する。

会社には、「どう考えてもおかしい」と思われることがいくらでも存在している。しかし、そうした現実を経験的におかしいと感じながらも、理由も聞かずに受け入れている人は意外に多いものだ。仕事の前提や条件が異なるにもかかわらず、過去の成功した方法を変えないのはその一例である。これまで正しいと思われたやり方は、過去のある時点でうまくいった方法であるかもしれないが、現時点でも通用するとは限らない。時代とともに技術や環境が絶えず変化していることを考えれば、常に仕事のあり方・進め方を見直し、時代に対応していかなければならない。特にインターネットが急速に普及した今日では、時代変化に対応した問題解決ができなければ企業自身の死活問題へと発展しかねない。あらゆることに対して「なぜなのか」「これでいいのか」「それは原理・原則に合っているのか」と自問自答を繰り返し、問題を発見していく姿勢が求められている。

こうした問題意識をもって問題を発見し、問題の定義が正しくできれば、問題の８割が解決できたといってもよい。間違った問題を正しく解いても問題が解決することはない。問題が定義できるということは、今起こっている問題とその原因、そして取り組む課題が明確に説明できるということである。ここまで問題を把握できれば、何に手をつけ、具体的にどうすればよいかは自ずと見えてくる。

問題解決が進まない大きな理由は、問題の症状に気をとられてしまい、問題の真の原因である真因を把握できず、表面的な対策に振り回されることである。残念な話であるが、こういった対応をよしとする現場は多い。例えば、現場で製品の不具合対策としてテストに“不具合に対応したテスト項目”を追加することはよくある。確かに、そのテスト項目を追加すれば、今後は全く同じ不具合が出ることはない。しかし、問題の真因を特定して対処しなければ、同じ原因で症状が異なる不具合は発生する。また、この対応では、不具合が出るたびにテスト項目を増やすことになり、結局は自らの首を絞めることになる。本来は、不具合が発生したプロセスを分析して不具合が発生しないような処置をすべきで、テスト項目を安易に増やすべきではない。

問題の定義とは、問題の現象や症状の本質的な問題点を捉えることである。これができれば、前節の“問題解決の観点”で取り上げた問題(①)、原因(②)が明らかになり、解決策(③)、効果(④)、判断基準(⑤)を検討できる準備がほぼ整ったといえる。解決策(③)は問題の具体的な解消手段である。問題の真因と問題発生のメカニズムを把握し、原理・原則を考えて導出する。次に、実施する解決策による効果(④)を判断できる基準(⑤)を決定し、解決策の実施結果を評価することで効果を定量的に把握する。

(3)　問題分析と解決―徹底して具体化する―

実際の現場には、何か問題が起きると状況を聞いて瞬時に対策を考え出し、直ちに実施することを強要する“敏腕マネージャー”といわれるタイプがいる。その対策で問題が解決すれば本物の敏腕なのだが、多くの場合、問題は一時的に改善したかのように見えても、しばらくすると同じような問題が再発することがよくある。

この場合、この敏腕マネージャーが提案した対策自身に問題があったことは間違いない。５ゲン主義の観点から問題を解決すれば、決してこうしたことは起きない。なぜなら、５ゲン主義では問題が起きたら、まず、現場・現物・現実の事実に立ち戻って、問題のメカニズムを考える。これがセオリーだからである。個人の感覚や間接的な情報だけで判断せず、徹底して現場・現物・現実を分析することで原因を追究する。そして、「原因はこれだ」と判断しても直ちに対策を実行に移さず、その判断が原理・原則に合っているかどうか確認する。重要なのは、その判断自体を確認するプロセスなのである。そして、判断の妥当性が検証でき、結果が保証できそうなら、現実的な対策をアクションプランへと落とし込んでいく。

問題の分析や対策を実施するに当たってのキーワードは「具体化」である。「具体化」とは、問題が特定できるレベルまで徹底して問題を分析し、問題を知らない第三者にもその理解度に合わせて、問題や解決策をわかりやすく説明できるようにすることである。例えば、教科書で使われる一般的な用語を、実際に現場で使われる言葉や名称に置き換えることも具体化の一つの方法といってよい。また、問題の現象を示すデータが現場の用語で整理されていたら、問題点をまとめて総括的に表現するのではなく、問題を工学的なモデルで捉え、現象のメカニズムを説明することも具体化である。このように具体化の方法は対処する問題に応じていろいろと考えられる。

問題解決における具体化を示したのが**図 3.4** である。問題は目に見える現象として発生するが、それは氷山の一角にすぎない。現象を分析して、背景にある問題の真因を把握し解決策を立案するまでに必要な考え方が「具体化」である。問題の背景にはさまざまな原因が隠れており、それらが複雑に絡み合って問題が発生する。その原因をひもとき、それぞれの原因間にある因果関係を明確にして問題の構造を明確にするのが問題の分析である。そして、根本的な原因に対して解決の着想をアプ

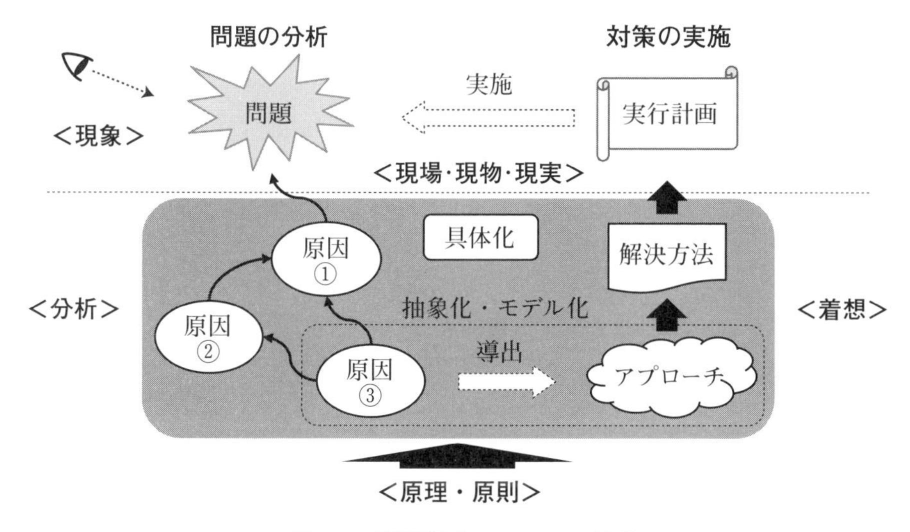

図 3.4　問題解決における具体化

ローチとして検討して解決方法を導出し、解決策から実行計画を立てて対策を実施する。これが問題解決の一連の流れである。

問題の分析では実際に起きている、あるいは起きてしまった問題の現象を整理し、“どこに問題があるか”を検討する。生産現場であれば“どこに不良の原因があるか”を示す魚の骨のような特性要因図を作成し、導出した末端の事象を確かめることで原因を確定する。ホワイトカラーの現場では、問題はいくつかの原因が複雑に絡み合って起きているのが常である。そこで、問題と現実の出来事との因果関係や要因の相互関係を明らかにして根本的な原因を追究していく。**図 3.4** は 3 つの原因が相互に関係して問題が発生している例である。

原因を解消する解決方法の基本的な考え方や方針がアプローチ（**図 3.4**）である。アプローチは、問題を解決するための着想についてどのような観点や考え方に着目して解決するのかを明確にしたものである。問題が複雑な場合は、問題の抽象化・モデル化を行うことでアプローチの原理的な妥当性を確認する。ここでの抽象化は問題を表面的におおざっぱに捉えることではなく、問題の本質的な部分以外を捨て概念化することである。そして、アプローチが決定したら、具体的な解決方法を検討し、現場で実施できる解決策に落とし込む。実行計画は、現場で実際に実行計画をどのように実施するのかをシミュレーションできるレベルまで詳細化する。特にホワイトカラーのプロセス改善を進める場合は、事前に実行計画のシミュレーションを何度も行い、実施上の問題を解決しておくことが成功の鍵である。

このように問題の分析から実行計画の策定までは、問題の本質を捉えて真の問題を突きとめること、そして問題を解消する現場で実行可能な解決策を作成することが肝である。どちらも基本は徹底した具体化にある。この具体化をよりうまく進める早道は、５ゲン主義(現場・現物・現実＋原理・原則)に従って問題解決を進めることである。つまり、問題が起きている現場・現物・現実を具体的に把握すること、対象とする問題の原理・原則を問題の分析・解決に適用すること、そして、問題の分析から実行計画の立案までを具体的に進めることが重要となる。

(4)　改革への対処―大局的に捉える―

今後の技術進歩やそれに伴う環境の変化によって、さまざまな業界でこれまでとは全く異なるタイプの問題解決が迫られるようになるであろう。例えば、社会へのインターネットの浸透により仕事そのものを見直さざるを得ない場合もあるだろうし、これまでの仕事がそっくりそのままなくなる可能性もある。特に今後はインターネットから得られる膨大な情報に溺れることなく、さまざまな判断や意志決定が求められると同時にそのスピードに対応していくことがますます重要となる。

生産現場ではこうした時代変化への対応に追われる一方で、まだまだ原理・原則を無視した問題が随所で起きている。製造技術では日本が世界一といわれて久しいが、現実には米国や韓国の企業と比較しても、まだまだ改善しなければいけない点は多い。日本の競争力の源泉である品質や生産性を維持していくためには、時代変化への対応と現場での問題解決は必須なのである。また、ホワイトカラーの現場でも実際には目に見えないだけで同様の問題が起きており、同じ課題を抱えている。

時代の動きを反映して、トップの年度方針やスローガンに改革や変革という言葉が入ることが多くなった。会社として時代変化への対応は死活問題である以上、経営者として当然の処置である。しかし、現場では経営者が期待するほど改革が進んでいるようには思えない。なぜ、こういったトップの一人歩きが起きてしまうのだろうか。もちろん、都合のいい方針や励まししか言わず、具体的な問題となると現場に任せてしまうトップにも問題はある。しかし、能力の伴わない経営者や管理者に淡い期待を抱いても裏切られるのが落ちである。それでは、今後、現場でトップが望む改革や変革を実現していくためにはどうしていけばよいのだろうか。

現実の問題を考えてみると、経営者の立場をとり時代への対応を急ぐ管理者層と現場との間の大きな溝に問題がある。例えば、変化の激しい技術領域で新製品を開発する事例を考えてみたい。ものづくりの企業にとっては、こうした領域での新製品開発は経営者が掲げる時代変化への対応を意味する。経営者は製品開発の旗を大きく振るが、管理者は現場に対して具体的な納期と製品の機能は示せても、それらを達成する方針やプロセスを決定できなくなっている。その理由は、製品の大規模化に伴って組織も大きくなったために、管理者が現場を把握できなくなったせいである。さらに、もう一つの大きな理由として、管理者が最新の開発技術を理解していないために自分の経験と勘に判断を頼らざるをえなくなったことがある。これでは、現場・現物・現実も原理・原則もわからず問題に対処しているのに等しい。この状態では、責任ある判断はできず開発は大きく停滞してしまう。

一方で現場は日々の仕事をこなすのが精一杯で、新しい変化に対応できる開発技術の蓄積はない。そういった組織に限って上司からの指示を錦の御旗のように目標に掲げ、その内容を吟味しないまま部下や協力会社へ展開してしまう。

管理者と現場がこんな調子では、開発に時間がかかるだけでは済まない。もし管理者の判断が間違えば、開発全体が間違った方向へ走り出し大きな損失が生じる。この場合の問題は、誰も状況を大局的に捉えることができなくなっていることにある。

大局的に状況を捉えるとは、時間的・空間的に視野を広げて物事を考えることを意味する。時間的に視野を広げるとは、今だけを考えるのではなくゴールである将来の時点から現状を捉え直すことである。また、空間的に視野を広げるとは、それぞれの立場に捉われず、現場や管理者・経営者から時代の動きまで、それぞれに軸足を置いて広く現実を考え直すことである。この2つの視点から大局的に現場・現物・現実を捉え、新たな原理・原則の視点から問題と解決策を考えれば、自ずと今自分たちに何が足りないかが見えてくる。

問題解決が行き詰まる場合には、現場・現物・現実を見る視点が低いために、しっかりと考えているつもりでも経験則や間違った思い込みを原理・原則と勘違いしていることがある。その場合は、問題を大局的に捉えて目標を再確認した後に、時間的・空間的に視野を広げて現場・現物・現実を捉え直し、原理・原則に立ち戻って考えてみればよい。大局的に捉えるとは、問題の範囲としていた現場・現物・現実を拡大して、原理・原則を含む考えるスキームを大きく変えることである。

(5)　実施と展開—守れるように決める—

問題解決の最後のプロセスは実行計画の実施である。解決方法の導出まで原理・原則を考えて検討できても、実行計画が現場・現物・現実に合わなければ結果を出すことはできない。特に、新規領域への取組みや新しい技術やプロセスを組織に水平展開する際は、実施する仕組みについても十分考慮しなければいけない。

例えば、現場で起きている問題に対して次のような対策をしたにもかかわらず、まったく効果が出なかったことはないだろうか。

- 遵守事項を徹底するための規則を作った。
- チェックリストで抜けや漏れを防ごうとした。
- 十分な議論をして結論を出すために会議を開いた。

こうした対策が機能せず効果が出ない理由の一つは、「規則を決めれば守る」という発想にある。現場では、そんな都合がよいことなど絶対にない。ある目的で何かをすることを決めたら、同時に決めたことが守られる仕組みを整備しなければならない。

ただ実施することを決めるだけなら簡単である。しかし、それを「守れるように決める」のは実は決して容易ではない。なぜなら、決めたことが現場でどのように実施されるかを事前に把握できていなければならないからだ。そこで、実施を決めたプロセスを現場が守るプロセスと守る可能性が低いプロセスに層別し、守る可能性が低いプロセスには、新たな仕組みを追加して確実に現場で実施できるようにする。例えば、新しい技術を導入する場合、トレーニングは必須だが、さらに専門家が定期的にチェックし指導する機会を作れば導入もスムーズに進む。こうした仕組みを現場・現物・現実の観点とハード・ソフトの面から検討し、「守らざるを得ない仕組み」をプロセスとして整備することが重要である。

こうした仕組みづくりを進めるに当たっては、改善推進者が以下の①～③を理解していることが前提となる。

①　対象となる製品・プロセス

② 現場・現物・現実の技術・情報

③ 現場担当者の心理・感情

まず、対象となる製品やプロセスについて熟知していることは基本である。ここで、「製品」は対象とする機能やその構造を指しており、「プロセス」は製品を作る手順と考えればよい。生産現場であれば生産工程がプロセスに相当するし、ホワイトカラーの現場であれば開発プロセスや業務プロセスである。現場・現物・現実の技術・情報は、仕組みの妥当性を確認するために理解しておかなければならない。さらに、実施・運用を考慮して、技術者や作業者の心理・感情を踏まえた仕組みづくりを進めることが重要である。決めたことを遵守できない人の心理・感情を考慮して仕組みを調整するのである。仕組みは、その機能性や合理性よりも現場担当者の視点や心理・感情を反映することで、より実現性の高いものとなる。

現場は「生もの」である。今日と明日では状況は当然異なるので、今日守られても明日守られるかどうかは誰にもわからない。さらに翌週や翌月まで守られ続ける保証などどこにもない。現場は変化し続ける「生もの」と肝に命じて、決めたことが守られる仕組みをどのように作り、また、どう維持していくのかを考えておかなければならない。

第４章
管　理

管理を「維持＋改善＋改革」と捉え、管理の具体的な進め方を説明する。さらに、管理のサイクルを使って管理の基本概念と着眼点を示し、管理を現場で実践するときの勘所を解説する。

4.1　管理とは何か？

(1)　管理とマネジメント

会社でふつうに仕事をしていれば、「管理」という言葉を以下のように日常的に使っているだろう。

「ちゃんと、○○を管理しなさい」

「きちんと管理してないから、こんな結果になった」

「品質管理があなたの仕事だ」

しかし、あなたは「管理」という言葉を自分なりに正しく説明できるだろうか。突然、「管理について説明しなさい」と言われても、簡単に説明することは難しいだろう。

管理は、「管理する側」と「管理される側」の両者で共通した認識がなければ、現実の業務でうまく機能することはない。なぜなら、お互いの管理に対する理解が異なれば、何をどう「管理」していいのかわからないからである。例えば、問題対策会議でアクション事項として「○○管理の徹底」と指摘されることがあるが、現場業務から離れた管理者が出席する会議で管理の徹底を謳っても、肝心の問題が解決することはほとんどない。これも管理を徹底することが、何をどうすることか認識がばらばらなことに原因がある。

最近では、「マネジメント」が管理に代わって使われるようになってきた。その背景には、以下の2つの事情が大きく影響している。

まず第一に、1990年代にISO 9000が普及する過程で、品質管理(Quality Control)よりも国際的な広がりをもつ品質マネジメント(Quality Management)という言葉が普及したことがある。そして第二に、1995年ごろからTQC(Total Quality Control)をTQM(Total Quality Management)とよぶ企業が増えてきたことである。

このように、管理に代わってマネジメントという言葉が普及したものの、実際は管理が意味していた内容の置換えに過ぎなかった。ただ、管理とマネジメントという2つの言葉が氾濫したために人の数だけ解釈の幅ができてしまい、この2つの言葉については100人に聞けば100通りの答えが返ってくるのが現実である。

ここで、管理とマネジメントについて、歴史的な観点で整理してみよう。

(a)　1990年以前の管理

1990年以前の管理は「control」、つまり、ある規準から外れないように全体を統制することだった。例えば、制御する対象として機械の歯車を想定し、歯車の回転を制御・統制しながら一定の回転を維持する“見張り”や“維持”を管理としていたのである。

このように考えると管理の意味は異常が出ないことを優先し、異常が出ない状況を維持する行為という認識が強くなる。そのため、この感覚を現場の管理に持ち込むと次のような行動をとるようになる。

- できるだけ多くの作業を常時監視する。
- 前例がない企画は実施しない。

- 規格値から外れる部品は流さない。

(b) 1990年代以降の管理＝マネジメント

1990年代以降、「マネジメント」の概念が広まると米国で使われていた本来のニュアンスからマネジメントは、資源・リソースを有効活用して成果を最大化することと捉えられ、成果を出すための“やりくり”として解釈された。つまり、「マネジメント」には、現状分析・評価、計画立案、判断、意志決定、人員配置、部下指導、人材育成、動機づけなど、さまざまな要素が含まれるようになる。現場でのマネジメントは、例えば、次のような行動である。

- プロセス改善の成果を重点的に確認する。
- リスクを抽出して計画に反映する。
- 部下が成果を出せるようにフォローする。

日本では、1990年代以前から品質管理の方法論を追究する過程で、上記のマネジメントと同等の内容をもつ管理を実践してきた歴史がある。従来、管理とマネジメントは“control”と“management”として、それぞれの意味を対比しながら説明されることが多かった。しかし、日本の歴史的事情を鑑みれば管理に広く深い意味をもたせて発展させた形式がマネジメントと考えてもよい。

そこで、本書では、現在使われているマネジメントの意味も含めて管理と表現し、日本が品質管理で扱ってきた管理技術を現場の実践的な活動として取り上げる。そうすることで、言葉に捉われず、管理の基本的な考え方に立ち返ることができ、実践を重視しながらマネジメントの概念を含む実用的な管理を扱うことができる。

(2) 管理はポジティブなもの

「管理」は組織を永続的に発展させるために利益の上がる体質にする考え方であり、決してネガティブなイメージのものではない。それにもかかわらず、「管理」という言葉が氾濫している現代では言葉の認識の違いや使われる場面から、管理にネガティブなイメージがついてしまっている場合がある。たとえ管理にポジティブなイメージがある人でも、間違った管理のもとで仕事をすれば、管理にネガティブなイメージがついてしまうだろう。間違った管理が横行する職場では、業務プロセスが事細かく決められて職場全体が非効率化になっていたり、ムダな規則やルールが作られていることが多い。こういった間違った管理の被害者になれば、誰でも管理にネガティブなイメージを抱いてしまう。

管理本来の目的を達成しない間違った管理が日常化してしまうと、そこで働く人はやる気を失い、仕事の質や効率は低下する。また、こうした職場の管理者自身が“管理は嫌なもの”とネガティブな考え方で管理をしてしまいがちである。これでは管理される人たちは、たまったものではない。管理者以上に管理に対して拒否反応を示すようになってしまう。このような悪循環のなかでは、生産性の向上など到底望めず、利益を上げる組織にすることなどとてもできない。

一方、お客様と喜びを共有し、利益を出し続ける正しい管理ができれば、現場の改善は進み、メンバーのやる気も高まり仕事の質と生産性は向上する。管理者もポジティブに管理ができるであろう。

以下では、このような正しい管理の進め方について解説していく。

(3) 管理＝維持＋改善＋改革

実際の企業活動における「管理」を定義すれば次のようになる。

「目標を決定し、“目標に向けて間違いなく行動できているか”を常に問いつつ、現状との差をチェックし、目標の達成に役立たない場合には常に行動を修正したり、誤りを是正することで、しかるべき目標を実現させること」

図 4.1 はこれを図に示したものである。

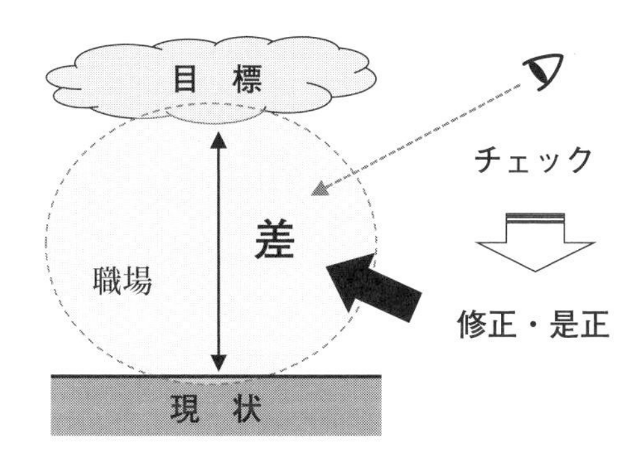

図 4.1　企業活動における管理

管理には、目標と現状との差を修正・是正するすべての活動・行為が含まれる。それは現状の分析から計画立案、仕事の成果、部下のモチベーション管理や働き方に対する姿勢に至るまで、目標を達成するために必要なことすべてが対象となる。そして、管理を一つの時間軸上での連続的な活動として考えると、管理は、次の式で表現できる。

管理＝維持＋改善＋改革

- 維持：現在の状態の保持
- 改善：現状の延長線上での手段・方法の変更
- 改革：長期視点に立ったゼロベースでの方法の見直し

管理における「維持」は現状の状態を保持することである。また、「改善」は現状を肯定しながら仕事のやり方を変えていくことである。**図 4.2** に示すように、改善と維持を繰り返すことで継続的に改善を進めていく。いかに早く成果を出すかが課題であれば、維持と改善のサイクルをいかに早く確実に回すかに注力しなければならない。その工夫こそ

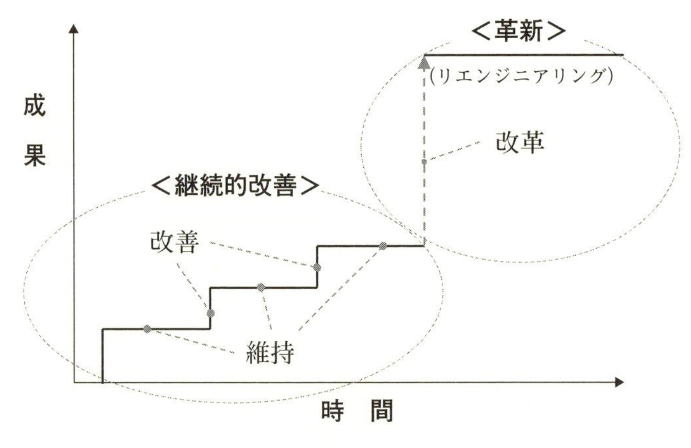

図4.2　現場における管理

が管理の本質であり、「維持＋改善」のサイクルを向上させる技術が管理技術である。

改善が飽和状態に達すると、非連続的に高次元への飛躍的な成長が求められる。これが「改革」である。長期的視点、事業創造、技術革新の意味を踏まえて「革新」(リエンジニアリング)といってもよい。リエンジニアリングは1990年代に元MIT教授のマイケル・ハマーが提唱した考え方で、個々の業務や組織全体にあるルールや手順そのものをゼロベースで根本的に見直し、業務の正確さと迅速性を向上させながら、人件費などのコスト削減も同時に達成することを目的としている。

もし、管理に改善や改革が含まれていることに違和感があるのであれば、管理を現状を維持することと考えているかもしれない。管理を現状維持と考えた途端、組織は硬直し衰退の道を辿るのは確実である。維持の活動だけでは現状を維持できない。

管理には、「維持＋改善」のサイクルを回す第一の段階と、「改革」によりさらなる飛躍を目指す第二の段階がある。それぞれの段階で管理の考え方や進め方は大きく異なる。そこで、各段階の管理について以下に説明する。

(a)　維持＋改善

「維持」と「改善」は、管理という車の両輪を成す表裏一体の活動である。また、「改革」は、この両輪を駆動するエンジンを含む車の足回り機構であるシャーシを入れ替える行為にたとえるとわかりやすい。

製品開発や生産現場、事務作業であっても管理の考え方は同じである。企業活動のなかで、たとえ現状維持が目的の仕事やプロジェクトであっても、維持という考え方で進めるのは適切ではない。この発想では、これまでのやり方で同じことを繰り返す“守りの仕事”になってしまい、現状を維持することさえできなくなる。だからこそ、改善を織り込むことで、この事態を避けるのである。以上の説明で現状維持の考え方がいかに危険であるか、わかってもらえただろうか。企業活動を取り巻く環境が常に変化している昨今、現状維持は停滞を意味する。

それでは、もう少し具体的に管理における改善の意義を、実際の管理の仕事で考えてみよう。

例えば、製品設計で設計品質や生産性を確保し、日々の設計作業を管理するためにはどうすればよいだろうか。あるいは、生産現場で製品に品質不良が出ても適切な処置を続け、毎日トラブルの起こらない状態に管理するためには何が必要だろうか。

これらの問いを維持の問題として考えると、製品設計における答えは決められた標準プロセスに従って設計することであり、生産現場における答えは図面どおりに製品を作るために作業標準に従うことになる。さて、このような答えを提示してみたが、あなたは違和感を感じなかっただろうか。

もし、あなたが管理者の立場で違和感を感じなかったとしたら、管理の考え方に問題があると思っていい。それは、決められたことに疑問を感じず、“やりきる”ことしかできない三流管理者でしかないからだ。上記の「標準に従う」が正解となるのは入社3年目までである。

それでは、入社3年目の新人の考え方で設計や生産を管理するとどうなるだろうか。現状を維持するだけでは、競合他社が優れた技術やプロセスを開発してしまうと、全く太刀打ちできなくなってしまう。

例えば、ソフトウェア開発や高精度な機械加工が必要な部品の生産では、他社が品質・生産性・コストの面で優れた技術やプロセスを確立すれば、これまで受注していたソフトウェア開発や部品生産は今後受注できなくなる。過去に成功したプロセスや技術を後生大事に守り続けても企業としての競争力は維持できないのである。維持だけでは、ある日仕事が突然なくなるという厳しい現実を目の当たりにすることになる。

このような事態を避けるための方法が改善である。企業が成長し続けることとは、すなわち、時代の変化に対応し続けることである。改善は決められたプロセスやルールを確実に守ることよりも、全体として成果が上がるように仕組みや手段・方法を変えることである。取り巻く環境の変化を強く意識して、より高い成果を求め続ける活動なのである。

昨今、アジャイル開発という言葉をよく聞くようになった。アジャイル開発は、「維持＋改善」のサイクルをより効果的に素早く回す管理技術といってもよい。日本の生産現場における改善の考え方が、アジャイル開発の源流の一つだといわれるのもこうした理由によるものである。維持と改善を繰り返す継続的改善は、現場能力を向上させることで環境や時代変化に対応し、企業の競争力を維持・向上させる推進力となる。

(b) 改革

“維持＋改善”のサイクルを回すだけでは、到達できない成果を上げるための活動が「改革」である。環境の変化が早い今日、継続的改善のスピードを上げるだけでは対応できることに限界がある。そのため、どの企業においても、仕事の仕組みや業務そのものに対する改革による革新（リエンジニアリング）が求められているのである。

インターネットを基盤としたIoTや人工知能による第4次産業革命では、時代を左右する技術の非連続な変化が顕著になっている。このような時代を生き残るためには、維持＋改善の継続的な活動はもちろん、革新を前提とした非連続な変化に対応した改革を実現する管理が必要になってくる。準備もせず、やみくもに改革を始めても決して成功することはない。改革に必要なのは、まず、会社のあるべき姿を明確にすることである。そして、あるべき姿を実現するために実施すべきことを挙げ、具体的な目標を設定することが必要になる。

この際、重要なのは目標を設定するために描いたあるべき姿の妥当性である。また、あるべき姿とそれを実現する目標を設定するためには、時代そのものを見据えた高い視点と幅広い見識が必要となる。さらに、この新しい目標から現実的な計画を作成するためには、現状の把握と目標を達成する具体的な方法が必要になる。世の中の最新動向ばかりでなく、改善活動で把握した自社の固有の問題やそれらを解決する技術や方法論も合わせて検討しなければならない。

改革では、最近の技術動向や社内外の状況、あるいは目標を達成する方法についての実践的な知見や見識がなければ、実現性の高い計画は作成できない。だからこそ、維持＋改善のサイクルを回すなかで、同時にこうした情報を積極的に獲得して改革に備えるのである。このように、継続的改善には改革へ向けた準備の目的もある。維持と改善が相互に補い、現場のレベルを高めることで、時代に対応した現実的な改革が実行できるが、これが絵に描いた餅にならないように十分に注意すべきことはいうまでもないだろう。

4.2　管理のための方法論

(1)　管理のサイクル

管理には、利益を上げるために経営に必要な人・物・金・情報(四大経営資源)を最大の効率でムダなく活用する活動すべてが含まれる。こうした活動を実施する際に必要となる管理の基本的なものの見方・考え方を、本書では「管理思考」とよぶことにする。

管理を効果的に進めるには、管理的な活動を単に実施するのではなく、管理の視点に立ったものの見方・考え方、つまり「管理思考」にもとづいた管理をいかに実践していくかが重要である。「管理思考」は経営に通じる考え方を多く含んでいる。経営者の会社や組織に対するものの見方・考え方である経営理念が会社の業績に大きく影響するのと同様に、「管理思考」も管理の実効性を高めることで仕事の質と効率を改善し、会社の実績に大きく貢献する。

管理の実施方法として「管理のサイクル」(図4.3)が品質管理の分野

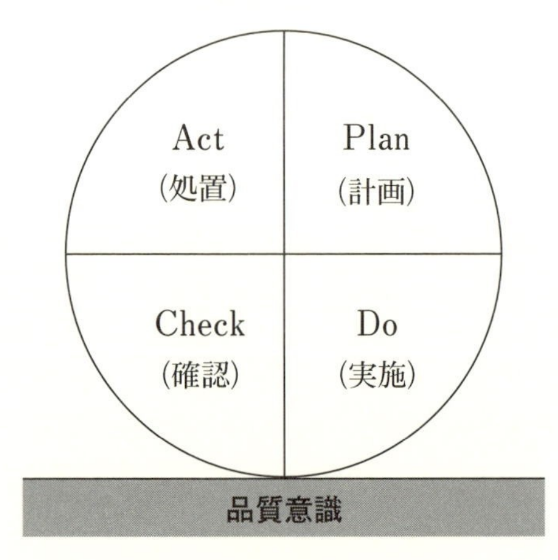

図4.3　管理のサイクル

でよく知られている。これは、品質意識である品質を重視する概念と品質に対する責任感にもとづいて、Plan-Do-Check-Act という一連の流れを繰り返すため、「PDCA サイクル」ともよばれている。PDCA サイクルは Plan（計画）し、Do（実施）し、その結果を Check（確認）し、Act（処置）するステップを踏んで管理業務を円滑に進める方法である。したがって、管理を正しく行うためには、「管理のサイクル」をいかに早く、正確に、そして、いかに効率的に回していくかが課題となる。ただし、過去と同じレベルで PDCA を繰り返すだけでは単なる維持にすぎず、企業や組織の成長や発展に貢献することはない。そこで、手段や方法の変更を伴う改善や改革を入れる。前節で解説したように、企業が発展していく推進力は管理を効果的に実践していく改善および改革にある。

管理の実効性を高めていくためには、「管理のサイクル」を実施する考え方や方法に加え、管理のサイクル自体のステップアップも必要である。これを品質管理では、「管理のサイクルのスパイラルアップ」とよんでいる。**図 4.4** は、管理のサイクルと品質管理体質の関係を示したものである。PDCA サイクルを継続的に実施して管理のサイクルをスパイラルアップすることで、現場の改善能力を向上させて品質管理体質を強化する。

ここで、品質管理の体質（Y）は、以下の 4 つの要素によって決まる。

$$Y = f(T,\ \theta, D, V)$$

T：時間　　D：PDCA サイクルの達成目標

θ：品質管理体質を向上する速度　V：PDCA サイクルを回す速度

それでは、現実の管理のサイクルを具体的に考えてみよう。

管理のサイクルは、まず、P（計画）からスタートする。P（計画）のステップでは、目標、方針、スケジュールを作成するために現状の C（確認）をして計画立案に必要な情報を整理する。例えば、目標設定に必要なお客様からの要求、環境の変化、現状の問題点を確認することがこれ

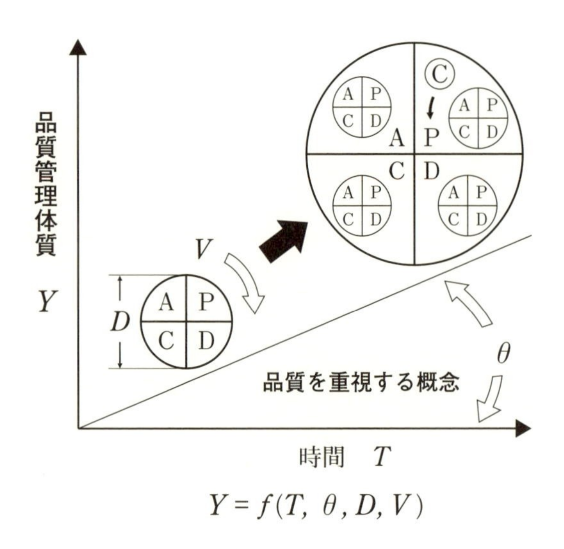

図 4.4　管理のスパイラルアップ

に当たる。P(計画)のプロセスで目標を設定するためには「なぜ、その目標を設定したか」が非常に重要である。目標とその設定理由によって、次のステップの進め方が全く異なるからである。

例えば、プロジェクトの計画レビューで「設計図面への指摘を半減します」と報告しても、なぜ図面への指摘を目標にしたのか、また、その目標値をなぜ“半減”としたのかを説明できなければ計画できているとはいえない。妥当性のある目標と目標値を設定し、その目標を実現する方針やスケジュールの作成がP(計画)ですべきことである。

管理する対象が小規模で簡単なものであれば、全体をPDCAで回せば十分である。しかし、大規模な製品や多くの組織や会社がかかわる場合は、PDCAそれぞれのステップに対してPDCAによる管理を入れたほうがよい。こうすることで、PDCAの各プロセスを進めるうえで発生する問題点や具体的なアクションアイテムや評価視点が明確になり、管理業務に対するコンセンサスが得やすくなる。

(2)　管理の基本概念

(a)　管理の目的

「管理のサイクル」は、品質管理の道具の一つで、仕事の進め方の基本としても定着している。新入社員研修で「仕事の基本」として学んだ人も多いと思うが、この手法の目的は品質の管理、つまり、目標とする品質の達成、および、それを可能にする仕組みの実現である。

企業における管理の目的は何だろうか。管理の手段である管理のサイクルに注目しているだけでは管理の目的は見えてこない。管理業務を通して、「何のための管理か」を問い続け、PDCA を実行する指針や基準を明らかにしながら、管理の核心に迫っていく姿勢が重要である。管理の業務のなかで、その目的・意義に応えることができれば、職場での管理の意味が大きく変わっていく。

昨今、「働き方改革」が叫ばれているが、この問題は勤務時間を単純に短くするだけでは解決できない。「管理思考」にまで踏み込んで、業務計画全体を見直し、現場の管理の方法を変えることから始めなければ本質的な解決にはならない。「働き方改革」は一担当者の問題ではなく、管理の問題なのである。2016 年 9 月の電通での労災認定がきっかけで社会問題化した長時間労働、ブラック企業、マイクロマネジメントなどの問題は、すべて間違った管理思考による管理に責任がある。

われわれ企業人は、お客様に喜んでいただけることを社会への貢献だとして付加価値を創出し、その対価としての給料をもらう。管理のサイクルは、まさにその手段である。つまり、「管理のサイクル」は、付加価値の創出を通して社会に貢献し、企業の成長を支える手段といえる。

新入社員の頃、「誰があなたの給料を払っているのか？」と上司に聞かれたことはないだろうか。そのとき、会社や社長と答えて大目玉を食らった読者もいるかもしれない。この質問に今のあなたは何と答えるだろうか。ここで「お客様」と答えるならば新入社員としては満点の回答である。しかし、管理する立場であれば、「お客様」を以下の5人のお客様としてより詳細に考えておく必要がある。

① 顧客　② 取引先　③ 従業員
④ 地域社会　⑤ 株主

以上のお客様は、「利害関係者」「ステークホルダー」といわれることもある。実際の現場レベルでは、①～④のお客様に喜んでいただけること、それに貢献できることが管理の目的となる。

(b) 5ゲン主義にもとづいた管理思考

5ゲン主義では管理を実践する当たり、5ゲン主義の理念(**1.1節**)を原理・原則とする。ここで、5ゲン主義の理念を以下に再掲する。

百聞は一見(見る)にしかず 百見は一考(考える)にしかず 百考は一行(実行する)にしかず 百行は一効(効果を出す)にしかず 百効は一幸(幸せになる)にしかず

この理念に従えば管理の最終的な目標は、お客様が幸せになることと定義できる。さらに、聞く(聞)、見る(見)、考える(考)、実行する(行)、効果を出す(効)のステップを確実に踏むことで、お客様が幸せになる(幸)最終目標への道筋が見えてくる。5ゲン主義の管理思考は一幸を最終目標として、PDCAサイクルで見・考・行・効・幸を実行するための考え方といえる。**図4.5**は、この5つのステップと「管理のサイクル」を対応させて同じ図上で示したものである。

図4.5のP(計画)で、聞いて、見て、考え、活動の目標、方針、実行計画、スケジュールを決定する。そして、それらをD(実施)で実行し

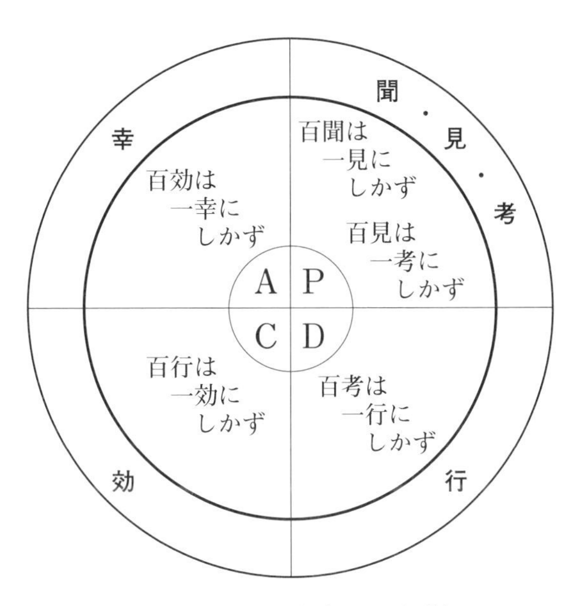

図 4.5　管理思考(5 ゲン主義)

て、次のステップのC(確認)で効果が出ているかを確認する。しかし、効果が出ていてもお客様が幸せにならないようであれば、C(確認)の結果にもとづいて、お客様が幸せになるようにA(処置)を実施する。

このように5ゲン主義における管理とは、お客様の一幸を目的として経営資源の最適化を図ることであり、そのためにPDCAをより早く、より正確に、そして、効果的に回す方法論を実践にもとづいて追究する活動といえる。

(3)　管理の着眼点：聞・見・考

管理のサイクル(**図 4.3**)で最も注意すべきステップはどこなのかを考えてみよう。

C(確認)とA(処置)では、目標を達成するためにD(実施)の結果を確認し、目標と差がある場合には是正処置をする。そのため、この段階を最も注意すべきだと考える人もいるだろう。生産ラインで考えれば、C(確認)およびA(処置)のステップは検査を行い、不良品を取り出して良品に手直すプロセスと考えるかもしれない。それはC(確認)をD(実施)で生産した製品の検査と考え、不良品への対応をA(処置)と捉えているからであろう。しかし、D(実施)で品質は作り込まれるので、検査にいくら注力しても製品の品質は上がることはない。C(確認)では検査結果にもとづいて、D(実施)の方法を決定するP(計画)の内容も確認しなければならない。

以上については管理でも同様のことがいえる。「管理のサイクル」でもC(確認)やA(処置)に注力するのではなく、P(計画)に重点的に取り組むことでD(実行)、C(確認)、A(処置)を円滑に進めることができる。P(計画)の出来映えが、その後のステップの善し悪しばかりでなく、ひいては結果までも左右するのである。

綿密なP(計画)を立て、それを確実にD(実施)すれば、C(確認)、A(処置)の時間を短縮することができる。これにより、活動全体の工数が削減でき、業務の効率化ができるのである(**図4.6**)。

このように効果的に管理を実施するには、5ゲン主義の管理思考(**図**

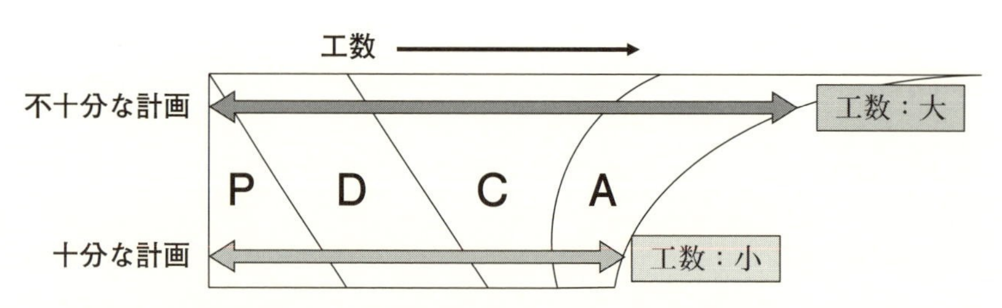

(出典)　古谷健夫 監修、中部品質管理協会 編：『"質創造"マネジメント』、図2.4、日科技連出版社、2013年

図4.6　計画の位置づけ

4.5)が示すように、P(計画)のステップで聞いたものは自分の目で確かめ(百聞は一見にしかず)、そして考える(百見は一考にしかず)ことが不可欠である。合理的で実行可能な計画をP(計画)のステップでいかに作成するかが管理のポイントであり、計画作成における「聞・見・考」が管理思考の着眼点である。

(4)　聞・見・考の実践

いざ管理者の立場になってみると、あるべき姿を頭では理解していても、うまく管理できない場面に遭遇することが多い。

現場で管理を行う際には、管理項目、管理基準、管理組織、管理体制にもとづいて管理業務を進める。これらは、どのような会社でも普通はきちんと決まっているべきものである。しかし、こうした形式的なものを整備するだけで「管理できている」といえるなら、本書で管理について解説する必要などない。

それでは、職場の管理について具体的に考えてみよう。読者の皆さんの現場では、次のような問題は起きていないだろうか。

①　設計レビューの指摘事項に対応したが、問題は解決しなかった。

②　品質や機能の目標値を満たす設計(生産)を進めたが、競争力のある製品にはならなかった。

③　開発品を自社だけで受注したが、リソースが確保できず失注してしまった。

上記の①～③の問題の原因は明らかに管理にある。「管理のサイクル」を考えれば、「P(計画)」のステップに問題があったといえる。

計画を作成するには、得られる情報(聞)を実際に自分の目で確かめ(見)、目標・現状・問題を総合的に判断(考)しなければならない。部下や関係部署の報告内容(聞)に従って業務を進めるときでも、必ず自分の目で現場・現物・現実を確かめる(見)ことが必要である。入ってくる情報を鵜呑みにするのではなく、管理者はその内容を自分で確かめ、どう判断すべきかが求められているのである。

例えば、上記の①の問題がその失敗例に当たる。会議の資料として報告書やデータが提出されたときには内容を斜め読みするのではなく、事実と比較しながら、進め方が本当に正しいかどうかを考えなければならない。上記の①の問題であれば、レビューで使ったドキュメントやレビューの結果から問題が本当に解決できるかを自分で判断するか、あるいはそれをする仕組みが必要だった。これは5ゲン主義で考えれば、判断に使う情報は必ず現場・現物・現実で確認せよということになる。

インターネットの普及で情報が洪水のように入ってくる現在、情報の選別や入手方法の工夫が求められている。管理には、こうして得た情報による総合的な判断が必要なのである。単純な聞・見・考で済む時代ではなくなった今、積極的な「聞」「見」と多角的な「考」を取り入れた「管理思考」でなければならない。

上記の②と③の問題はP(計画)の失敗であり、今日では計画の作成が容易ではないことを物語っている。これまでは、目標を達成する方法を比較的容易に計画に落とし込むことができた。しかし、グローバル競争が前提の昨今では、市場動向や複雑化した現状を把握することが困難になり、新しい技術や方法論の検討、他社とのコラボレーションも視野に入れる必要が出てきた。つまり、②の問題は市場の分析、③の問題は自社の技術とリソースの把握が不十分であったことが原因である。

管理で検討すべき内容は問題によって異なるが、管理はP(計画)で決まるといっても過言ではない。計画の中身である目標、方針、実現手段、スケジュールは、管理者の情報に対する聞・見・考の工夫と判断に委ねられている。魂の入らない無責任なモノマネ計画にならないように、正しい「管理思考」と「聞・見・考」の確実な実施が必要である。

4.3　管理の勘所

これまで、管理の基本的な考え方について説明してきた。続いて現場で管理を実施するため、基本事項を管理の勘所として説明する。

(1)　看える管理

管理の勘所の第一は現状を見えるようにすること、つまり、一般にいわれている目で(に)見える管理、見える化を効果的に行うことである。本書では漢字に意味をもたせ「看える管理」とした。現場・現物・現実が「見える」ではなく「看える」ことを目標としている。

“看”の文字を使う看板は、見る側が特別の注意を払わなくても自然に目に入ってくるように作られている。つまり、“看”は見た目を感じられるさまの意味がある。管理も「見える」のではなく、「看える」状態にしておく必要がある。

PDCAサイクルでは、C(確認)でD(実行)の結果を確認するが、手間をかけて結果を見なければいけないようでは、よい管理とはいえない。結果確認に手間がかかれば、確認の精度や頻度が落ち管理のサイクルがうまく回らなくなってしまう。

例えば、パソコンからファイルを探して印刷しないと進捗がわからないとか、実験データはいろいろな記録用紙を広げなければ確認できないようでは話にならない。また、データをそのまま整理すれば管理できるのに、担当者が「よかれ」と思い、意味のない表やグラフにしてしまうことよくもある。こういったケースは看える管理以前の問題である。

ここで、看える管理の例として、ソフトウェア開発でよく使われるバーダウンチャート(**図4.7**)を紹介する。

図4.7は、作業量(y軸)の計画と実績の時間変化(x軸)を示している。

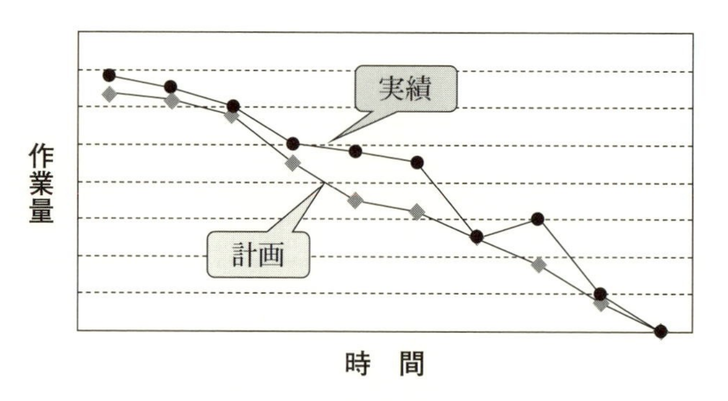

図 4.7 バーダウンチャート

こうした図表などを活用して、看える管理を行うことで現状を手間なく把握できる。さらに、**図 4.7** のグラフのように作業量の時間変化を示すことにより、過去の実績から作業の見積りができるので、今後とるべき方針が明確にできる。このように「看える管理」は、目で見える管理を可能にする。そして、それは事実による管理であるからこそ、今後の方針や改善の指針を与えてくれるのである。

(2) 責任の細分化と明確化

管理の勘所の２つ目は、責任の細分化と明確化である。「責任の明確化」は組織運営の基本であり、管理の前提条件を与えてくれる。

社長であれば会社経営に責任をもち、営業部長ならその会社の営業活動すべてに責任をもつ。生産現場の課長ならば製品の品質・納期・コストに責任を負うと同時に、現場で働く人の安全・モラール・教育にも責任を負う。そして、その責任を細分化して部下に業務を割り当てる。これは、どの会社でも組織を運営するためにやっていることである。

現実には、目標を形式的に割り振ることで「責任の細分化」をするケースがよくあるが、それは大きな間違いである。責任を細分化するには、仕事を割り振る担当者がその責任を果たす能力があることが前提となる。設計部門ならば、設計者の設計技術や実績を考慮して責任と目標を担当者に割り当てる。技術が伴わない場合は、事前に教育やトレーニング計画の実施が必要である。技術や技量が足りない担当者に製品設計の責任を負わせれば、間違いなく大きな問題が発生するであろう。しかし、残念なことに、コストの低減目標などを一律に割り付ける誤った「責任の細分化」は現場では後を絶たない。

また、仕事の丸投げを「責任の細分化」と勘違いしている管理者も多い。自分でも対応できないことを部下や関係会社に丸投げする場合もある。管理職は本来、難易度の高い問題や品質問題の責任を負う立場である。したがって、丸投げにより部下や関係会社に責任を転嫁するなどもってのほかである。仕事を丸投げしてしまうと、責任者不在の状態となり、納期直前で問題が発覚することが多い。おそらく、ブラック企業や過剰なサービス労働が社会問題になっているのは、こうした現実が積み重なった結果なのであろう。

(3)　重点指向

管理の勘所の３つ目は重点指向である。品質管理ではすでに常識的な考え方の「重点指向」は、現実世界では、人・物・金・時間・情報の経営資源はすべて制限があるので、取り組むべき項目を選定し、それらを優先的に進める考え方である。

どの部門であっても、管理者は限られた経営資源の下で多くの目標を抱えている。「重点指向」は個々の目標に優先度をつけ、達成しなければならない重要な目標から確実に管理していく方法である。

例えば、管理者には、Q(品質)・C(コスト)・D(納期)・M(モラール)・S(安全)についての責任がある。これらの項目の優先度は、安全と品質が第一であり、続いて納期とモラール、そしてコストの順になる。取り組む優先順位は、QCDMS の順ではなく、安全→品質→納期→

モラール→コストの順であることを忘れてはいけない。優先度をつける際には、ある程度、割り切って考えなければいけないが、それができない“百点主義”の管理者が現場には存在するのもまた、現実である。

“百点主義”の管理者は、必要と思われるすべての項目に取り組むことで問題解決をしようとする。このような管理者は、会議で部下の報告を聞いても問題の優先度や重要度に関係なく「ああだこうだ」と何についても口を挟むが、いざ実行段階になると本人の思いとは裏腹に、すべてが中途半端な状態で時間切れになってしまう。こうした結果を繰り返しているにもかかわらず、百点主義が望ましいあるべき姿であると勘違いしてしまう管理者が後を絶たない。これは単に仕事に優先度や重要度がつけられないだけである。

重点指向を無視した百点主義の問題は、第一に決断が遅いことである。「あれもこれも」と考えてしまうため、即断即決で物事は進まない。百点主義の管理者は、時間というリソースに対して百点主義を放棄しているのである。判断や決定に時間がかかれば、現場では納期の未達、機会の喪失、業務の混乱の元凶となる。そして、百点主義の第二の問題は、「よかれ」と思い、優先度の低いものまで手を出すため、リソースが不足し、すべてが中途半端となるリスクを抱えることである。

百点主義の管理者には、あらゆることにミスがない仕事をしたいという守りの姿勢がある。これは、ミスが起きても自分は言われたことをやっているので責任はないことを証明したいだけのネガティブな管理に行き着く。口先で仕事をして問題解決の具体的な指示が出せない管理者は、百点主義に陥っていることが多い。

重点指向を項目に順番をつけて、ただその順に実行するだけと考えるのは、あまりに表面的な理解である。本来の「重点指向」は、限りある経営資源を効率的に活用するために必要なこと以外はしない決断、つまり、やらないことを決めることなのである。

(4)　ハードとソフトの管理

管理の勘所の４つ目はハードとソフトの管理である。ここでのハードとソフトは、一般にいわれるパソコンや電子機器におけるハード(製品の物理的な構成要素としての回路や基板、ケース)やソフト(プログラムやアプリケーションソフト)ではなく、管理の失敗要因を「ハード」と「ソフト」に分類し、以下に定義する。

① ハード：業務内容の失敗要因

(a) 技術・事務の現場

成果物(設計書、報告書など)、業務プロセス、技術、実施方法、ツール、担当者、環境など

(b) 生産現場

5ME(材料(部品)、設備(機械)、作業者、作業方法、検査(測定)、環境)など

② ソフト：業務の実施における失敗要因

仕組み、体制、組織、規則、人の意識など

管理が失敗する原因として、管理者がハードあるいはソフトのどちらか一方しか管理しないことが挙げられる。管理における「ハード」と「ソフト」は、両者が相互に関係して機能するため、どちらか一方がうまく管理できても目標を達成できるとは限らない。こうした失敗は「汽車(ハード)を作って、レール(ソフト)を敷かない」誤りといえる。

ここで、以下の例でハードとソフトの管理について考えてみよう。

- チェックリストは作るが、それを使うルールは検討しない。
- 会議体を作れば、それで成果が保証されたと考えている。
- ツールを導入したが、その使い方を標準化しようとしない。

どの場合もハードあるいはソフトのどちらか一方しか考えていないので、全体として管理が機能しない例である。このような状況を避けて、より確実な管理を実施するためにはハードとソフトの両面からアプロー

チする必要がある。例えば、事前に何をどう処理して結果を出すのかについてシミュレーションを行い、そのプロセスを円滑に進めるための管理をハードとソフトの両面から検討していくのである。シミュレーションにもとづいてハードの管理を決めたら次はソフトでの対応を、そして、ソフトの管理を決めたらハードの対応を進めれば、業務のハードとソフトの管理がバランスよく検討できるはずである。

(5) 異様管理：異常と異様

管理の勘所の5つ目は異様管理である。管理する対象には、管理状態から外れた“異常”と“異様”の2つの状態がある。

管理における“異常”とは目標値から外れた状態をいう。管理の目的は、“異常”を把握して、それを是正することで目標の状態を維持することにある。開発現場なら進捗が計画から遅れれば“異常”であり、生産現場なら管理限界を外れれば“異常”である。

“異常”に対しては、現場レベルですでに経験的な対処方法を蓄積し、ハード・ソフト両面の具体的な管理方法を決めていることが多い。このように「異常管理」は、誰もが“異常”を判断できるので比較的容易に対応できる。

これに対し、「異様管理」は“異様”である基準が明確に設定できないため誰もが対応できるわけではない。そこで、管理状態を以下と比較したとき、感覚的に明らかに「おかしい」と感じる状態を“異様”と定義する。

① 業界の常識や一般常識

② あるべき姿

③ 対象とする技術の原理・原則

④ 管理の基本

つまり、客観的に見れば誰でもおかしいと思うことなのに、慣れてしまって何も感じなくなる状態こそが“異様”なのである。ゆでガエル状態といってもよいだろう。“異様”の判断は個人の感覚に依存するため、目標値や管理限界線のように基準を明確に示すことができない。しかし、基準が示せないからといって“異様”な状態を放置すれば、生活習慣病が徐々に体をむしばむように組織の活力は奪われ、いずれは会社の競争力を低下させる。

“異様”な状態の例を挙げると以下のようになる。

- 不具合対策がいつも同じ項目(教育の徹底、テスト項目の追加など)の繰返しである。
- 品質問題に対しては応急処置をして報告することが本来の仕事のようになっている。
- 異音が常態化しているために耳栓を必需品にした。
- 会議中一言も発言しない出席者が多数いる。

“異様”を感じるには、正しい状態の経験的な理解が必要なためハードルが非常に高い。しかし、一度“異様”な状態を定義さえすれば“異様”を“異常”と判断することができ、「異様管理」は「異常管理」と同様に対応できる。ただし、“異様”な状態は、時代や環境の変化、組織や個人の特性などさまざまな要因により作り出されるので、発見や検出の継続的な努力が欠かせない。また、具体的な目標値や管理基準を示しにくいという点で「異様管理」に対する考え方とその徹底には、さまざまな工夫が必要になってくる。

第5章
問題解決

改善の必要性と着眼点を明確にし、改善と改革を両者の違いに着目して説明する。次に、一般的な問題解決の用語、プロセスを定義し、問題解決の実効性を高める方法と考え方を解説する。

5.1 改善の進め方

(1) 改善の意味と必要性

日々の仕事を進めるうえで問題はつきものである。どのような仕事でも必ずなにがしかの問題に直面し、その対処の仕方で仕事の質が決まってくる。前章で説明した管理の活動では改善や改革が問題解決に対応するが、問題解決こそが仕事の成果を決定するといってもよい。

日常生活の改善も問題解決の一つである。改善という言葉は普段でもよく使われるので、仕事の改善についても誰もが理解していると思っている。しかし、実際のところ改善というと、生産現場での改善活動を思い浮かべる人もいるのではないだろうか。特に生産現場とかかわりがなければ、自分には改善活動など必要ない、ホワイトカラーの仕事には改善はなじまないと考えている人も多い。そのため、改善の意味を改めて聞いてみると、人によってその定義はさまざまである。

もちろん、「改善」は文字どおり“善く改めること”で間違ってはいない。しかし、この説明では漢字どおりに読み直しただけで、人によって解釈は異なる。「改善」とは、仕事の目的をよりよく達成するために、やり方や方法を変えることである。

達成する対象は、仕事の目的や対象によって異なるが、一般的には、これまでのやり方よりも効率的、あるいは、効果的、魅力的になることを意味する。このように定義すれば、「改善」は生産現場だけの活動や考え方ではなく、すべての業種や職種で必要な活動であることがわかる。「仕事のあるところ改善あり」といわれるのはそのためである。

次に仕事の改善をしないとどうなるのかについて、筆者が現場支援や現場指導でかかわったソフトウェアの事例で考えてみたい。

紹介するのは、筆者が以前、相談を受けたプロセス改善の例である。相談を受けた現場でヒアリングしたところ、10年以上も標準プロセスを変えていないことが判明した。しかし、その組織では今でもプロジェクトにそのプロセスを遵守させ、その標準に従って成果物をチェックする専門部署まで設置していた。つまり、定期的な監査と標準プロセスの徹底で、組織的に古いプロセスを維持していたのである。

これは開発プロセスの改善をしてこなかった例である。おそらく現場の開発者は、“これでうまくいったから”あるいは“技術力のある先輩技術者が決めたことだから”という理由から、10年前のプロセスを何の疑問も感じずに受け入れてきたのであろう。加えて、そのプロセスを組織的にチェックし徹底する仕組みが、変えられない理由を作ってしまった。そして、結果的に標準プロセスに疑問を感じながらも、10年前のプロセスに従った開発が常態化してしまったのである。

しかし、筆者がその標準プロセスを分析してわかったのは、製品や技術の進歩、開発手法や組織の変化を無視したムダな手順や非合理なプロセスであった。開発に想像以上の時間がかかっていたのは、それが理由だった。開発プロセスが製品の特性や環境に対応できていないために、プロセスの各所で抜けや漏れが発生し、仕事の後戻りが頻発していたのである。

現場の担当者は、何とかこの状況を変えようと必死だったが、不具合や後戻りの対応で時間がなくなり、標準プロセスを受け入れざるを得なくなっていた。こうなってしまえば、納得がいかないまでも標準プロセスに従って監査の通る成果物を作らざるをえない。状況を改善する時間が確保できないため、いわゆる思考停止状態に陥ってしまったのである。現場が「思考停止」になるのは、差し迫った納期のための仕事を“こなす”ことしかできなくなった結果である。この責任は組織にある。この状態が続ければ現場の問題解決力ばかりでなく、モチベーションも低下して負のスパイラルが加速されることは容易に想像がつく。

仕事の後戻りは、品質や生産性の低下を招き、現場を疲弊させていく。そして、何よりも怖いのは、開発プロセスの見直しや新しい開発技術を検討してこなかったために、技術者の能力が低下し、現状のプロセスに過剰適応してしまうことである。こうした技術者は、仕事のやり方に問題を感じてもプロセスを改善した経験がないので、問題の解決に踏み込めない。この状態が続けば、後戻りはさらに増え続けるためプロジェクトは停滞し、現場は対応力を失っているので負のスパイラルから抜け出せなくなる。

(2)　問題解決：改善と改革

組織にとって現場が負のスパイラルに陥ってしまう代償は大きい。リソースや時間を失うだけではないのだ。現場の技術力の向上は無論のこと、維持さえもできなくなる。ソフトウェア開発では、こうした状態をデスマーチ(死への行進)とよび、過酷な労働環境を意味する。このデスマーチがやっかいなのは、この状態が続けば、負のスパイラルを断ち切り正常な状態へ戻すのが非常に困難な点にある。

今後、製品がさらに大規模化・複雑化することを考えると、時代の変化に合わせて常に現場を「改善」しなければ、ある日突然、事業からの撤退を宣告されたり、あるいは、プロジェクトを中止に追い込まれてもおかしくない。改善意識の低い組織は、規模に関係なくこうした現実に確実に直面するであろう。これこそが、これからのものづくりのルールであり、敗者の誰もが思い知る「時代の掟」である。

これからの時代を生き残るためには、改善や改革による「問題解決」が必要不可欠である。第4の産業革命といわれるインターネットがビジネスや技術へ与える影響を考えれば、企業は今の形態のままで存続し続けることも難しいだろう。それはインターネットが製品設計や研究開発に関連する技術分野だけでなく、営業や生産、事務作業にさえ、さまざまな変化を与えるからである。時代に対応するとは、時代変化による社会の課題を他社よりも早く解決することにほかならない。ニーチェの言葉に「脱皮できない蛇は死ぬ」とあるが、まさに今の時代、この脱皮こそが「問題解決」であり、生き残る道として求められている。

管理は**図5.1**に示すように、維持・改善・改革の3つの活動として定義できる。そのなかで時代変化に対応する問題解決の活動は「改善」と「改革」である。

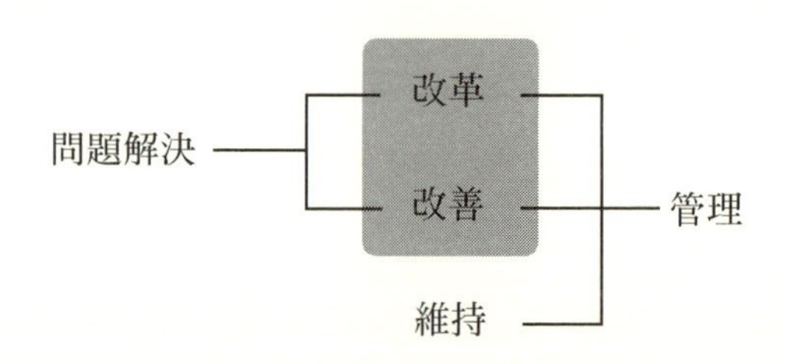

図5.1 問題解決と管理

改善と改革は、どちらも仕事上の目的を達成するための手段や方法の変更である。両者は現在の活動に対する考え方・価値観に違いがある。「改善」は小さな効果を狙った日常的な活動である。現状の延長線上で価値観を変えることなく手段や方法を変える活動である。一方、「改革」

は、従来とは異なる視点で大きな成果を出すための計画的な活動である。

管理における改善と改革の関係を示したのが**図 5.2** である。どのような仕事でも「維持」と「改善」を繰り返し、「改革」を状況に合わせて実行して成果を出し続けるのが基本的な考え方である。

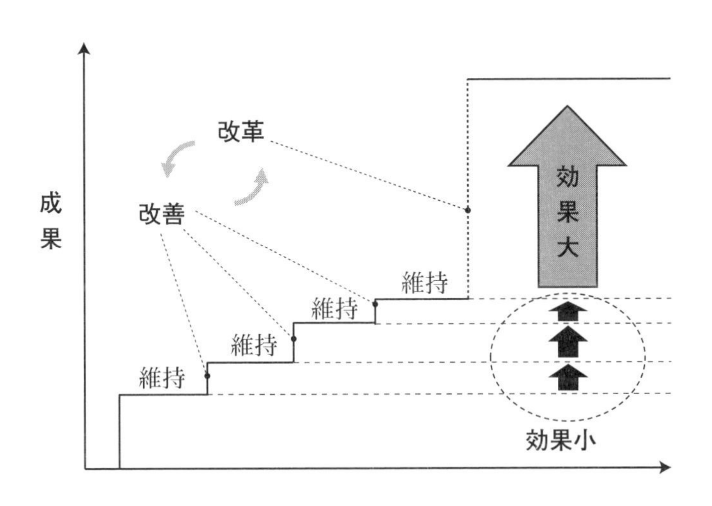

図 5.2　改善と改革

ビジネスの現実を考えれば企業間の競争は激化する一方であるが、この大きな環境変化への対応が「改革」といってよい。例えば、業務システムの大規模な変更、多額の設備投資による自動化など、新たな価値を創出するための従来システムの変更がこれに当たる。そして、この改革を軌道に乗せるのが「改善」の役割である。業務システムでは対応できない作業のマニュアル化や、自動化した設備の稼働率向上の工夫が改善の対象となる。改革後に、システムや設備の効果を出すための活動が改善である。このように企業が発展していくためには、改革と改善の位置づけを明確にしてうまく組み合わせる必要がある。

図 5.2 を見ていると、「改革」だけしていれば会社はよくなると思わ

れる方もいるであろう。確かに、大きな成果が出る改革だけを繰り返し続ければ、改善は必要ない。しかし、「改革」は、将来視点から新しいビジネス環境に適応するための現状否定を前提とした手段や方法の変更である。この考え方では、改革後の状態を維持するのは簡単ではない。確かに改革当初は、想定した成果が出るかもしれない。しかし、仕事の仕組みや構造を大きく変更するので、これまでの価値観では対応できない問題が出てくる。こうした問題に「改善」で対応しなければ、改革で狙った成果を維持することは困難なのである。改革前にすべての問題を想定しておくのは不可能に近い。想定外の状況や、実際に改革に着手しなければわからない問題に対応するのが改善の役割である。「改革」の成果を持続し発展させるのが「改善」の役割といってもよい。

改善を続けていると現場・現物・現実の把握の精度が増し、現場の本質的な問題が見えてくる。改善では、こうした現状の価値感の転換を伴う問題は扱わないが、改革の課題として検討することができる。また、改善を通して得られる現場の情報や、担当者の変化への対応力や問題解決力の向上は改革時に大きな推進力となる。実際に改革を成功させている企業は、地道な現場の改善活動に注力することで改革に必要な基盤をうまく作り上げている。

(3) 改善と改革の違い

改善と改革はともに問題解決の一手段であるが、その目的が異なる。それぞれの進め方の特徴を表 5.1 に整理した。

(a) 改革：組織的な転換

「改革」は、大きな効果を狙った組織的な活動である。将来志向から現実の制約さえも改革の対象として扱い、大きな成果を出すために現状の戦略やオペレーションを大きく変えていく。改善の際、前提条件とし

表 5.1 改善と改革の比較

進め方＼特徴	効果	制約	方針	進め方
改善	小 (部分的)	前提	少しずつ 継続的に	無理なく 手っ取り早く
改革	大 (根本的)	改革の対象	全体を 一変に	経営資源 を投入

て手をつけなかった「現実の制約」も対象として、現場・現物・現実を一変して大きな成果を狙うのが改革である。したがって、「改革」はルールや規則を変えるだけでなく、経営資源(人・物・金・情報)を投入することで現実の制約を解消する手立てを考えなければならない。改革の実施には経営者の決意が必要なのである。

例えば、次のような手立てが現実の制約の解消につながる。

- 新しい開発手法に合わせて組織の体制やルールを変更する。
- 社外から有能な人をヘッドハンティングする。
- 他社と協業することでノウハウを獲得する。
- 銀行からお金を借りて新しい設備を購入する。

このように従来の価値観を変えるためには、これまでの仕組みや環境を一気に変えていかなければならない。ただし、多大な経営資源を投入するために結果が出なければ会社に大きなダメージを与えかねない。また、万が一改革が失敗に終わると、経営に多大な影響を与えるばかりでなく、現場のモチベーションにも大きなダメージを与えてしまう。

改革を失敗に終わらせないためには、現状や問題の分析を入念に行い、導入する手段や方法の効果を事前にシミュレーションで確認しておく必要がある。改革が成果を上げるためには経営資源の投資がムダにならぬよう事前の分析や準備を徹底して、慎重に進めていく必要がある。

このように「改革」は、入念な準備や分析のうえに上級管理者の決断と責任を伴うものである。これからの不確実な時代を考えると、トップの強い意志とその決意がなければ成功することは難しい。よく「うちはボトムアップの会社だから」とか「改善や改革は現場に任せている」と発言するトップがいるが、改革のビジョンやその意義を自らの言葉で語ることができなければその会社に未来はないであろう。

(b)　改善：手軽な小変更

「改善」は、これまでと同じ価値観で現状を肯定しながら仕事を変えていく活動である。狙う効果は小さいが、問題に対応して手段や方法を変えていくことで変化に対する障壁を下げていく。改善では現実の制約を前提条件として扱う。「現実の制約」とは、現在の予算や人、設備やツール、計測器、あるいは現状の設計方法や開発手段などである。これらの制約を変えようとせず前提条件として扱い、変えられる範囲のものを変えていくのが「改善」である。

例えば、製品の開発部門では、顧客からの要望や要求を表現できるように仕様書の標準フォーマットや作成プロセスを変えるのが「改善」である。営業では、顧客ニーズに合わせた商品ラインアップの変更や仕入れ先の変更が「改善」に当たる。標準のフォーマットやプロセスだからといって、未来永劫、そのときどきの業務に適用できるわけではない。商品のラインアップや仕入れ先も同様である。

生産現場では、「改善」の観点や視点が定石として整理されている。例えば、作業の効率を上げるための5Sの観点や、作業順序に合わせて工具や組み付け部品の配置の考え方などである。特に部品の組み付け作業は、一定の動作が繰り返されるので改善に取り組みやすい。

「改善」は、業務の基本構造を維持して環境変化に対応する活動である。そのため、改善は「変えられること」を対象として無理せず手っ取り早く取り組むので、効果もすぐ確認できる。たとえ結果が出なくても、改善前の状態に戻してしまえば大きな影響を出さずに済む。また、その経験をもとに継続的に改善を進めていけば、成功する可能性は高まり、必ず結果の出るときがくる。このように継続的な改善は仕事を進化させ、改革に必要な組織文化の醸成につながる。

(4)　改善の着眼点

改善も改革も進め方に違いはあるが、問題解決に向けた取組みであることに変わりはない。現状に対する考え方や目標設定の視点は異なるが、問題解決の基本的な考え方は同じである。特に「改善」は日常業務の基本であり、問題を現場でいち早く解決して成果を出すことが求められている。そこで、改善・改革に共通する問題解決の基本的な考え方は次節で説明することとし、まず、現場ですぐ実践できる改善の着眼点について考えてみる。

(a)　目的の確認

改善のポイントは、改善の目的をしっかり理解して、その目的に合った手段や方法を選択して実行することである。言われてみれば当たり前だが、これが“できているかどうか”は、普段あまり意識されていない。例えば、今取り組んでいる改善活動の目的と方法を、他の人に説明できるだろうか。ここでもしうまく説明できないときは「そもそも」や「要は」を使って、次のように自問自答してみるとよい。

- そもそも、この改善の目的は何だったのか？
- そもそも、どうすればよいのか？
- 要は、どうなればいいのか？
- 要は、何を改善すればいいのか？

これらの質問に対して、改善の目的、目標、対象を明確に答えられれば、改善は正しく進められているといえる。改善に着手するには、まず改善の「目的」を正しく把握することが必要であるが、実際には「目的」の議論をせずに「手段」ばかりに気をとられてしまうことが多い。

例えば、開発現場では生産性や品質を改善するために開発ツールを導入することがある。通常、開発支援部署がツールの導入に責任をもち、現場への展開を推進する。そのときの失敗例としてよく聞くのは、ツールは導入したが、現場では仕事が増えただけで生産性や品質への効果はないという結果である。効果が出ない原因は、現場の技術者が新しいツールを十分使いこなしていないことにあるが、開発支援部署の担当者は自分の仕事を棚に上げこう言い訳することがある。「自分たちは時間をかけてツールを現場へ導入した。品質や生産性が改善しないのは現場の使い方が悪いからだ」。これは大変残念な例であるが、実際よく聞く話である。開発支援部署の本来の「目的」である“現場の生産性や品質を向上すること”が、いつの間にか「手段」であった“ツールを導入すること”にすり替わってしまったのである。しかし、ツール導入の目的やゴールを、現場の生産性や品質の改善として常に意識していれば、導入の方法や現場技術者へのアプローチも間違わなかったはずである。

改善を進めるときは常に「目的」を意識していないと、実施する手段や方法を目的と勘違いしてしまうことがある。改善の手段や方法を目的化しないためにも、改善の目的を「そもそも」や「要は」を使って常に確認し、改善活動を振り返るとよい。

(b)　手段・方法の選択

改善の目的を確認できたら、次はその目的に適した手段・方法を選択して実施する。改善の手段・方法を検討する勘所は、実際に「できること」を「とりあえず」やってみることにある。しかし、実際の現場では、“言うは易く行うは難し”で改善に着手できない理由がいろいろ挙がってくる。

例えば、現場担当者から改善に取り組めない理由として、次のような発言を聞いたことはないだろうか。

「○○がこうなってさえいれば……」

これは、自分たちでは変えられない制約を改善の対象として考えているときの不満である。改善には、前提となる環境や変えることができない現実制約があるが、その制約条件にこだわっていると、こうした不満や言い訳ばかりが出てきてしまう。改善は現実の制約との闘いである。現実の制約はいったん受け入れ、「変えられること」=「できること」と考えるのが改善のコツである。

また、改善のアイデアや着想は優れているにもかかわらず実行できないときは、現場からこうした発言が聞こえてくる。

「△△をこうできれば実施できるのだが……」

改善策のアイデアに自信をもっている担当者が、その手段・方法に固執してしまい身動きがとれなくなった例である。こうした場合、改善が進まない理由を次のように環境や上司のせいにしてしまうことが多い。

- 現場の担当者のスキルが低い。
- 導入する技術を上司が理解してくれない。
- 会社のルールが対応できていない。

現実には上司を含む会社の組織や制度、あるいはルールが理想的な状態であることなどまずない。むしろ、こうした環境条件は、新しいことに着手しようとすれば足かせになってしまうものだ。変化が激しい時代には期待する条件が揃うのを待つよりも、問題や状況を柔軟に捉え「とりあえず」「できること」に着目したほうがいい結果を生む。

「とりあえず」「できること」を進めるなかで、現場の問題を把握し、それを解決できる技術やアイデアを模索し続けることが次の改善につながるのである。立ち止まることなく、今「できること」は何かを考え続け、「とりあえず」やってみる。このスピード感こそが、新しい改善の着想と結果を生み出すコツである。

(c)　大局着眼、小事着手

改善の目的を確認し、目的を達成する手段・手法を選択する。これが改善の要であるが、この本質を「大局着眼、小事着手」として座右の銘としていたのは筆者の父の古畑友三である。5ゲン主義の書籍にサインを求められた際には、好んでこの言葉を添えていた。「大局着眼、小事着手」は、5ゲン主義のあるべき姿を的確に表現しているばかりでなく、父の生き方そのものだったともいえる言葉である。この考え方は問題解決の基本ともいえるので、改善ばかりでなく、経営や管理、開発や営業、人材育成など、すべての分野で有効である。「仕事で苦労が多い」と嘆く前に、その業務の大局を把握し、小さなことから改善できる方法を工夫してみてはどうだろうか。

仕事で追い込まれたとき、あるいは、何かを変えなければ状況が好転しないとき、我々は否応なしになにがしかの改善を求められる。そうしたときこそ、大局に着眼するのである。これは、通常の改善活動でも全く同じである。表面的な現場・現物・現実や直近の成功や失敗に惑わされることなく、高い視点から活動全体を捉えて、今、実施しているアクションは妥当なのかどうかを見極める。そして、軌道修正が必要ならば、実際にできる小さなことから着手するのである。こうして、小さな手を打ち続けることで段階的に大きな成果へと結びつけていくことができる。

ところが、現場には「実際にやってみなくても結果はわかる」と言わんばかりに、手を動かそうとしない評論家や学校秀才タイプが意外に多い。彼らの言い分はこうである。

- 状況が全部わかるまで取り組めない。

- その方法が本当に正解かどうかわからない。
- できる気がしない。

高度成長期ならともかく、現在はお手本や正解など存在しない時代である。こうした考え方では、現状を維持することさえ難しくなるばかりか、彼ら自身が使えない社員になってしまうのも時間の問題である。彼らの主張は、改善の考え方と論理がことごとく逆転しているのである。状況が全部わかるのを待っていたら時間がどれだけあっても足りない。また、ベストな方法なんて誰もわからない。なぜなら、結果が出るかどうかは実際にやってみないとわからないからである。だからこそ、大局的に物事を捉え、小さなことから着手して継続的に改善していく。このアプローチこそが成功する確率を高めていく王道である。

小さな活動を継続的に進めることで、現場や改善の知見を獲得し、それらを工夫して活用することで改善能力を高めていく。こうした活動こそが、現実の制約条件のなかで現場を改善する唯一の手段だといえる。

5.2 問題解決の基本

前節では、問題解決の進め方として改善と改革を取り上げ、改善を進めるための着眼点について解説した。本節では、改革や改善を含む一般的な問題解決について解説する。

前に「改善は手軽な小変更」と定義した。改善は現状肯定の視点で時間をかけず手っ取り早く問題に取り組むため、問題解決のプロセスや考え方、言葉の定義については特に意識しなくてもよかった。しかし、大規模な改革や技術課題に対する問題解決は、かかわるメンバーも増え、解決する問題の難易度も一気に高くなる。そこで、効率的に問題を解決して効果を上げるためにも、問題解決の基本的な考え方、プロセスの理解、言葉の定義が最低限必要となってくる。

(1) 問題解決の基礎

まずは、問題解決の基本事項として問題解決で使用する言葉と問題解決のプロセスについて整理しよう。

(a) 問題とその種類

まず、問題解決の対象となる「問題」を次のように定義する。

問題＝あるべき姿－現状

つまり、「問題」を目標とする「あるべき姿」と、現実のありのままの姿である「現状」とのギャップと考えるのである（**図 5.3**）。

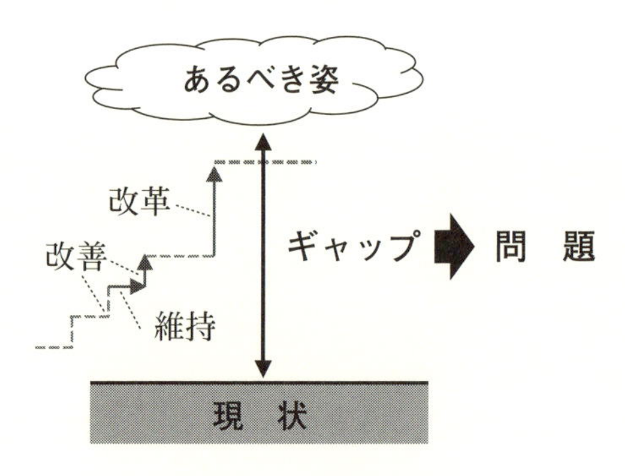

図 5.3　問題の定義

これは、ノーベル経済学賞を受賞したハーバート A. サイモンがその著書『意思決定の科学』（1979年）で次のように述べていることからもわかる。

「問題解決とは目標の設定、現状と目標（あるべき姿）との間の差異（ギャップ）の発見、それら特定の差異を減少させるのに適当な、記憶の中にある、もしくは探索による、ある道具または過程の適用というかたちで進行する」

このように、「問題解決」とはツールやプロセスを適用して目標と現状のギャップを減少させる活動である。この活動がアプローチの違いにより、改善であったり改革になったりする。したがって、あるべき姿が存在しない場合は問題が発生することはなく、改善や改革は必要ない。

問題解決の最初のステップは問題の発見である。問題の定義に立ち返れば、現状は誰が見ても同じなので、「問題」はあるべき姿の設定によって大きく変わってくる。このとき、問題は目標設定の視点や問題に対する視座により、**表5.2**に示すように3つに分けることができる(『問題構造学入門』(佐藤允一、ダイヤモンド社、1984年)を参照)。

表5.2　問題の種類

種　類	説　明	着眼点
発生型	「すでに起きている」という問題	原因
探索型	「今より良くしたい」という問題	目標
設定型	「この先どうするか」という問題	前提

発生型の問題はすでに起きている問題である。目標と現状の間にギャップがすでに発生している問題と捉えればよい。不具合や不良品、お客様からの苦情、事故の発生などがこれに当たる。このように発生型の問題は、問題の所在が明白で、不具合や苦情などのように問題を客観的に認識できるのが特徴である。対策や解決に取り組むときには、まず起きている問題の原因を入念に分析する。そして、この問題はすでに事案として発生し、その責任範囲も明白であるので、現場が中心となって解決する問題である。

探求型の問題は、現実には特に問題は起きていないが、さらに高い目標を設定することにより意図的にあるべき姿と現状とのギャップを作ることで発生するのが特徴である。組織の目標として品質や生産性のさらなる向上を目指すとか、小売店の利益率向上や職場の活性化への取組みなどが相当する。現状よりさらに高い目標を達成して、今より良くしたいときに発生する問題である。したがって、探索型の問題は発生型とは異なり、物事が順調に進んでいる状況で今より高い目標を設定することにより意識的に作られる。この問題は、将来に向けた目標設定により発生するので、組織の行く末を考え、管理職が中心になって解決する問題である。

設定型の問題は、将来の環境変化を予想して、この先どこへ進むべきかを問うことで発生するのが特徴である。現在の目標とこれまでの取り組み結果のギャップを考えるのではなく、未来に視点を置き、今、何をすべきかを考えて問題を作り出す。すなわち、将来に対する仮説を立て、それが実際に起きると想定した条件付きの問題である。現在から設定した未来に対して、この先どうするかという問題と考えてもよい。例えば、インターネットの常時接続に備えて今何をすべきかとか、中国の政治リスクに備えて東南アジアでのビジネスをどうすべきかなど、将来の環境変化に対する経営問題を扱うことが多い。問題の特徴から考えても、トップマネジメントが検討すべき問題である。

(b)　問題点と課題

問題とよく似た言葉に「問題点」と「課題」がある。問題、問題点、課題は、どれも聞き慣れた言葉であり、通常、特に違いを意識することなく使っている。だが、問題解決では、この3つの言葉を正しく使い分けることが複雑な問題を解決するうえで非常に重要である。

前述したように、問題はあるべき姿と現状とのギャップである。したがって、問題は良くない事実や事態の症状にすぎず、過去の行為の結果を表しているにすぎない。一方、「問題点」は、問題の原因のなかで当事者が実際に対処できるものである。したがって、複数の問題点によって引き起こされる現象が問題といってもよい。また、問題点は問題の原因であると同時に改善点でもある。問題解決では、問題の原因を分析し、分析した原因のなかから問題点を特定する。そして、「問題点」に対して解決策のアプローチを検討していく。

それでは、「課題」はというと問題を解決するためにすべきこと、あるいは達成すべき目標である。つまり、あるべき姿と現状のギャップを埋めるためにすべきことやその目標が課題となる。実際にはギャップの原因である問題点を解消するためにすべきことを表現する。

問題は、あるべき姿に至らなかった状況を示しているため、組織にネガティブなイメージを与える。その一方、「課題」は組織をあるべき姿に近づけるための方法を自ら設定するので、ポジティブに表現したほうがよい。課題の表現が適切であればメンバー全員の問題意識が高まり、効果的な問題解決へとベクトルがそろうはずである。

ずいぶん面倒な言葉遊びをしているように感じられるかもしれないが、「問題」と「問題点」を同じ意味と勘違いすることで短絡的な対策に陥ることもある。さらに、従来の思考パターンや固定観念から抜け出すことができず効果的な対策を検討できないことも多い。また、会議などで「問題」と「課題」がしっかり使い分けられない状態では、問題の深掘りと課題設定の議論が簡単にすり替わってしまうこともある。特に問題解決では、問題が複雑になればなるほど高い思考力が必要になる。言葉のもつ意味は物事を整理する過程で、人間の思考力に強く影響するので言葉の定義は重要なのである。

(c)　問題解決の構造

問題解決の基本的な言葉を定義したところで、問題解決の構造を**図5.4**を使って説明する。

問題解決は、あるべき姿である「目標」と「現状」とのギャップであ

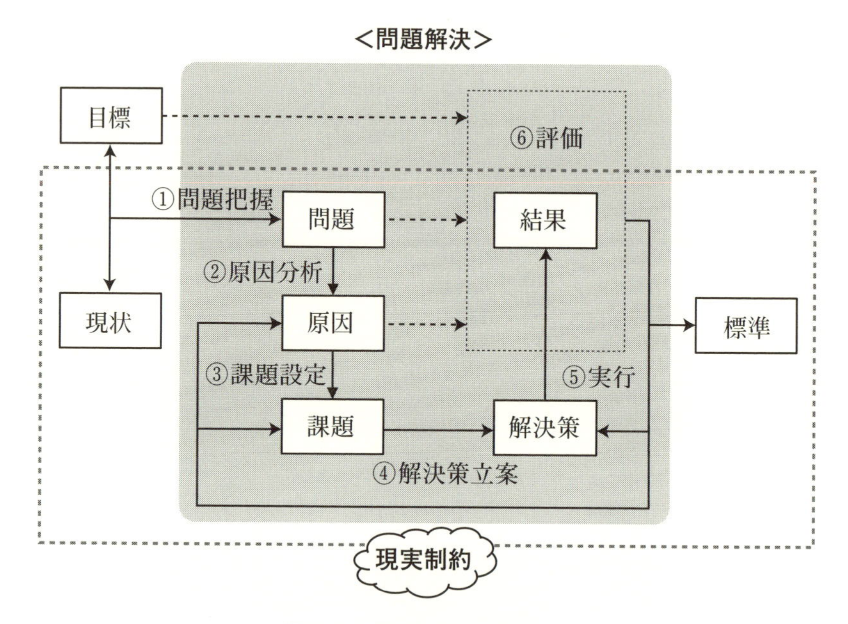

図 5.4　問題解決の構造

る「問題」を把握する(①問題把握)ことから始まる。そして、問題の「原因」を分析することで問題の構造を明確にし、問題が発生するメカニズムを理解する(②原因分析)。こうして問題の真因や問題点を理解できたところで「課題」を設定する(③課題設定)。これで、問題発見および問題の定義ができたことになる。

次に、課題が明確になれば、それを達成する「解決策」を立案し(④解決策立案)、実行後(⑤実行)、「結果」を評価する(⑥評価)。実施結果は、目標に対する達成度合いで評価する。同時に、問題が解決したかどうかも、原因、課題、解決策を考慮して確認する。

期待した結果が出ない場合は、解決策を修正することになるが、原因分析や課題設定が間違っていることもあるので注意が必要である。原因や課題が間違っていれば、解決策を正しく実行しても問題が解決することはない。こうしたときは、原因分析や課題設定に戻って解決策を考え直す。さらに、解決策が目標を達成すれば、そのノウハウを組織の「標準」とすることも可能である。

問題解決は、現実制約との闘いである。問題は目標達成を阻害する現実制約によって生じるため、目標と現実制約によって問題の構造が決まるといってよい。また、解決策の検討も、現実制約を前提条件として受け入れたうえで、解決方法を選択しなければならない。このように問題解決を進めるには、現実の制約を正しく認識したうえで議論を進めることが重要である。

(2) 問題解決のプロセス

図 5.4 を問題解決のプロセスとして**図 5.5** に示す。問題解決のプロセスは、問題設定と課題解決の２つの段階に分けて考えることができる。

「問題設定」は、①問題把握、②原因分析、③課題設定を通して問題の本質を把握し、どのような課題を解決すれば問題が解消するのかを明らかにするのが目的である。したがって、問題設定では解決すべき課題の導出がゴールとなる。また、「課題解決」は、④解決策立案、⑤実行、⑥評価を通して「問題設定」で設定した課題を解決していく。課題解決では課題に対する最適な解決策をいかに作成し、どうやって現場で実行するかがポイントである。

そこで、以降では上記の「問題設定」を課題形成プロセス、「課題解決」を解決策立案プロセスと実行・評価プロセスに分けて解説する。それぞれのプロセスは、実施における着眼点が異なるため必要となる考え方も違ってくる。

(a) 課題形成プロセス

課題形成プロセスでは、あるべき姿(目標)と現状のギャップから問題

<問題設定>

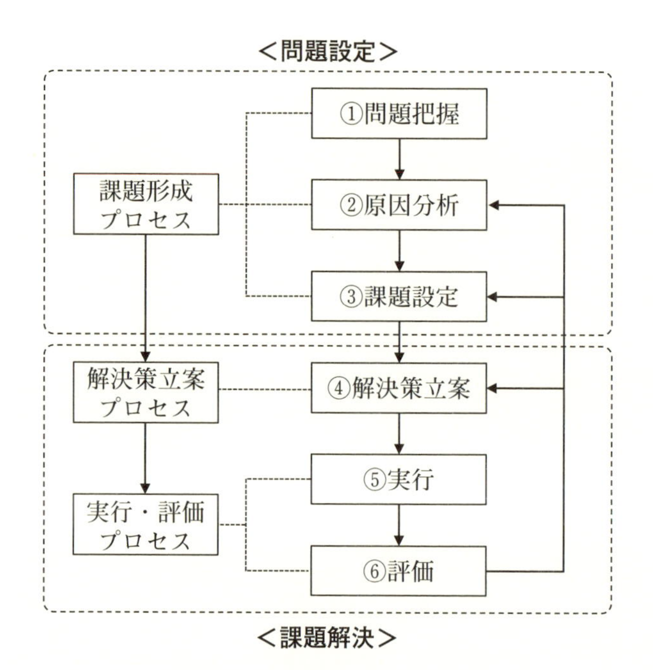

<課題解決>

図 5.5　問題解決のプロセス

を把握し、問題の原因を分析することで問題点を明確にして問題の構造を明らかにする。これにより問題が発生するメカニズムを理解して、課題を設定する。このプロセスの位置づけは、問題を解決するための課題とその課題を設定した理由を明確にする点にある。

課題形成では、問題を正しく捉えるために、問題の定義からあるべき姿と現状を深く理解することが必要である。特にあるべき姿は、組織目標や会社方針などの上位目標を理解し、問題の背景から組織が目指すべきゴールをできるだけ具体的に描く必要がある。そして、ゴールを達成する目標と目標値を設定するのである。

問題を把握した後は、問題を引き起こしている原因を明らかにしていく。そのために、事実情報やデータにもとづいて論理的に原因分析を進め、起きている事象の因果関係から問題点を明確にする。事実を論理的に分析する過程で情報を整理し，問題の構造やメカニズムを可視化するのである。問題の構造が把握できれば、対処する問題点を課題に設定し解決策の基本方針を検討する。問題点が明らかになれば、その課題化は難しくない。解決する問題点を命題として表現し、課題としてふさわしい表現に書き換えればよい。このように課題形成プロセスでは、問題を把握し、その原因と課題を明確にする。

(b)　解決策立案プロセス

解決策立案プロセスでは、原因分析の結果を参考に「課題形成プロセス」で導出した課題を解決する着眼点を明確にして解決のアプローチを決定する。そして、解決方針から解決策を考案する。問題解決における解決策の立案は、問題点を解消することで、問題が発生しない構造を設計することでもある。

相対性理論で有名な物理学者アルバート・アインシュタインは、問題解決に関して次のような言葉を残している。

「いかなる問題も、それを作り出した同じ意識によって解決することはできない」

もし、いつまで経っても問題が解決しないなら、それは問題と同じレベルの意識や視点で解決策の立案に取り組んでいるからである。解決策の導出は直感に頼るのではなく、以下のように筋道を立てて問題を体系化し、創造的・多角的な発想を追究することで解決策を検討する。

①　問題の体系化

- 目的やあるべき姿を再確認して、枝葉にこだわらず原点に立ち返る［目的の再確認］。
- 問題を抽象化して、問題の根底にある仕組みや原理を捉え直す

［問題の抽象化］。

- 課題を明確に定義し、その背後にある本質的なテーマを見極める［本質の追求］。

②　発想の追求

- 常識や固定観念などの制約条件をすべて取り払い、オールクリアして理想状態で考える［ゼロベース思考］。
- 社内外の技術、知恵、経験を総動員して、さまざまな角度から多角的に考える［多角的検討］。

(c)　実行・評価プロセス

実行・評価プロセスでは、「解決策立案プロセス」で導出した解決策を実行して評価する。このとき、解決策がチームや組織全体にかかわるならば、上司や関係者に問題と解決策の妥当性について説明して了解をとる必要がある。チームで取り組むのであれば，チームメンバーに必要な説明を行い，実施する内容について納得してもらわなければならない。

「実行・評価プロセス」は、上司やチームメンバーである関係者に本気で取り組んでもらえるように、彼らをどう巻き込むかがポイントである。解決策を単に認識する程度ではなく、少なくとも同意したり、共感するレベルでなければ本気になってもらえない。仕事だから取り組む程度では、実行段階でうまくいかなくなり、活動は断ち切れてしまう。そうならないためにも、関係者の説明には細心の注意を払わなければならない。これまでのプロセスとは異なり、解決策の実行には問題解決のリーダーシップが問われるのである。

そして、関係者の合意がとれれば実施計画を作成し、モニタリングや進捗管理を行いながら解決策を実行に移す。問題解決の評価は、実行結果があるべき姿(目標)を達成したかどうかで判断する。また、問題、問題点の解消度合いを確認することで解決策の評価を行う。期待どおりの実行結果が得られない場合は、その原因を分析し、必要なプロセスに戻って解決策を修正する。

5.3　問題解決の実践

(1)　あるべき姿の描き方

問題解決を進めるうえで細心の注意を払うべきは、問題を正しく捉えることである。それができない限り、有効な解決策を導出できる可能性は極めて低い。簡単に言えば、間違った問題をいくら正しく解決しても問題は解決しないということである。

問題を正しく捉えるためには、目標とするあるべき姿と現状をどれだけ具体的に正確に把握できるかが鍵となる。現状は現実に目に見える形で存在しているので大丈夫だが、問題は「あるべき姿」である。例えば、会社はどうあればいいのか、この仕事のゴールはどうなっている状態かを具体的に描けるかどうかである。あるべき姿については、誰も明確なイメージや青写真をもっているわけではない。しかし、社員全員で共有できる「あるべき姿」を描くことができれば、問題ややるべきことが自ずと見えてくるのである。

さて、一般にあるべき姿には次の２つの考え方がある。

①　当然そうなっているべき姿

②　将来目指すべき理想的な姿

①のあるべき姿は、通常の業務のなかでも簡単に考えることができ、誰もが納得しやすい。例えば、次がその例である。

- 生産現場の歩留まりは一定の基準を満たしている。
- 開発品の図面は設計基準に従って構成されている。

• お客様を週に1度は訪問している。

これらは、物事の基準や条件を示している。契約を結んだり、ルール、計画などを作成するときに明文化することが多い。また、①のあるべき姿は、具体的な目標を示しているので、改善の目的を確認する質問の「そもそも」「要は」(**5.1節**(4))の答えにもなっている。

②のあるべき姿は、未来のある時点での姿を想定しているので、過去から現在への時間の流れとは切り離して考えなければならない。それゆえ、今の状態を考える必要はなく、未来を想定して自由に考えればよい。例えば、次がその例である。

• 大量生産に対応した無人化ラインが稼働している。
• 新しい分野に進出して売上が2倍になっている。
• 新事業を扱う事業部が本社組織に正式に設置されている。

将来の事業環境を想定し、理想的にはどうなっていたらよいかを自由に発想することが重要である。つまり、現在の制約はすべて外し、実現可能性は考慮せず、頭をゼロリセットして考えるのである。個人の意志が強く反映されることになるが、意識すべきは誰にどのような価値を提供するのかという観点で、あるべき姿を考えることである。

あるべき姿は、ある特別な状態を示しているので、それを実現する手段も常にあるべき姿と対応させて考えておかねばならない。さもないと、実現手段があるべき姿になりかねない。あるべき姿はゴールであり、ゴールを達成するためにさまざまな手段がある。例えば、ゴールが無人化ラインが稼働している状態で、それを実現する手段がロボットの導入であれば、ロボットを導入することがゴールにならないように注意しなければならない。

さらに、あるべき姿を描くときには、その姿が本当に正しいかどうかについて常に考えなければならない。先ほどの無人化ラインの例であれば、無人化ラインで何がしたいのかについて、さまざまな観点から誰にどのような価値を提供するのかを考え抜くのである。つまり、自分はどうしてそういう姿(理想)を描いたのか、それは誰のためなのかを冷静に自問自答してみるのである。

稲盛和夫氏(京セラ／第二電電の創業者)は、第二電電(KDDI)を設立して通信事業に参入する際、自分自身に次のように問いかけたという。

「動機善なりや、私心なかりしか」

あるべき姿が描けたら、自分の動機の善悪を判断しなければならない。自分がそのあるべき姿を描いた動機は本当に善なのか、それとも私心やエゴからなのかを見抜くのである。私心やエゴで物事を動かそうとすれば、周りに見抜かれ、必ずどこかでおかしくなる。たとえうまくいったとしても一時だけで、成功し続けることはない。

(2) 常に目的思考で取り組む

問題解決のどのプロセスも、「目的思考」で取り組むことが活動の実効性を高める。「目的思考」とは、常に目的から考えることである。目的とは最終的に達成したいことで、問題解決ではあるべき姿に相当する。したがって、問題解決を目的思考で進めるとは、まずあるべき姿ありきで、そこからあらゆる活動を考えることである。要は、何のためにやるのかを常に意識し、想定する将来の結果からそれを導く今の行動を考えることである。

問題解決で陥りがちなのが、目的思考で進めているつもりが、問題を解決できるかどうかに執着するあまり、現状を維持する選択をしてしまう場合である。

ここで一つの例を紹介したい。日本初の南極観測(南極第一次越冬)は、戦後、国際地球観測年(1957年)に向けて世界が南極観測を進めるなか、国際舞台に上がるべく日本も挑戦を決めた大プロジェクトだった。南極越冬隊の永田観測隊長は東大理学部教授で地球磁気の研究者、西堀越冬隊長は大学を経て企業で技術者として真空管開発や品質管理の分野で実績があったが、カリスマ探検家としても知られていた。しかし、2人は南極観測に対する考え方が対照的だった。

永田観測隊長は、厳しい自然環境の南極では生命の危険があるため、万全の調査をして越冬可能となった時点で越冬するという発想だった。つまり、「越冬ができるとわかったら越冬をする」と考えたのである。一方、西堀越冬隊長は「まず越冬することを決め、越冬のために必要な調査をする」というやり方であった。しかし、完璧な調査など現実にはできない。特に未知の世界である南極については、調べてもわからないことは必ず残る。そこで、不測の事態が起きても耐えられる訓練をして、自信がついた者のみ越冬隊として連れていくことにしたのである。

両者の考え方は間違っていないし、それなりに筋は通っている。しかし、現実には西堀隊長の「越冬するためには何をすべきか」という目的思考のアプローチが南極観測を成功に導いた。このように難易度の高い問題解決に取り組むときには、目的思考は必須の考え方なのである。問題解決に当たり、不測の事態に備えて事前に調査し、あらゆる可能性に対して完璧を期すやり方は、結果的に現状維持の選択しかできない。上記の例でいえば、調査すればするほど調査する項目が増え、いつまで経っても越冬ができる状態にならず、結局、越冬を止めるという展開になってしまう。

現状に問題が存在するのは事実だが、未来に目を向けて今を考えることが「目的思考」である。つまり、現状や解決方法を分析してからできるかどうかを決めるのではなく、達成したい結果を決めて、目的を明確にしたうえで解決策を検討するのである。目的思考にするだけで、調査すべき情報も、また、立つべき視点や動機も大きく変わってくる。

会社で何か大きな問題が起きたとき、問題の原因分析に奔走して調査ばかりしていると、問題の難しさばかりに目が行ってしまい、解決策になかなか踏み込めなくなってしまう。また、仕様書や設計書などのガイドラインを作るに当たって、知識があり文献もよく調べてあるのだが、「○○にはこう書いてあります」「△△はこう言っています」と報告するだけで、実際のガイドラインの作成に着手できないのも同じ理由である。

筆者が現場で実施している論文指導でも全く同様のことが起きている。例えば、「データが揃ったら論文を書きます」という技術者と「○○学会に投稿するので論文を書きます」という技術者では、どちらが早く論文発表ができるのかは言うまでもないだろう。

問題解決においても、西堀越冬隊長のようにまずゴールを明確に決め、それを実現するための方法を考えることが重要である。現状分析から目的を満たす手段を徹底的に追究することで、「何にどうチャレンジすればよいか」の具体的な姿が見えてくる。これが目的思考で問題を解決するときの考え方である。

第6章
人材育成

人を育てる意味を再確認し、人材育成の現状と問題を把握する。そして、教育の考え方、原則を説明した後、人材育成を進めるうえで考慮すべき仕組み、必要な人材、教育内容について解説する。

6.1　人材育成とは

(1)　人を育てる意味

5ゲン主義の理念を表す言葉を第1章で紹介したが、父は晩年、最後にもう一つ重要な言葉を付け加えている。それは、人を育てる重要性を説いた以下の言葉である。

百幸は一皇にしかず

皇とは一人の優秀なリーダーという意味だ。いくら問題を解決して関係者に百幸をもたらしても、それは、一人の優秀なリーダーを育てることにすぎない。百幸をもたらせる人づくりこそが父が最後に行き着いた5ゲン主義の境地だった。

今、振り返れば、父が現場指導でこだわっていたのは現場のリーダーや優秀な経営者の育成だった。技術の原理・原則は知識として教えるものの指導は常に現場で行い、原理・原則にもとづいた問題解決を現場のリーダーに問うていた。改善の知恵や工夫は、原理・原則にこれまでの経験を掛け合わせ、情熱ある指導から生まれるものだった。その姿こそがリーダー、経営者に伝えたかったことのように思えるのである。

優秀なリーダーが組織に存在すれば、仕事がうまく回るだけでなく、職場環境を整え、一幸をもたらせる人材を継続的に育てることができる。そればかりか、組織が生み出す付加価値を最大化し、お客様や社会に大きく貢献できる。優秀なリーダーの存在は、企業にとって百幸以上に価値がある。

企業を支えているのは目先の利益でも製品でもない。人そのものである。付加価値を生み出すのも人、新しい技術を開発するのも人、その技術を伝承するのも人、そして、改善を実践し、改革を推進するのも人である。優れた人材を有する企業であれば、どんな時代でも大きく発展できることを今一度、再確認する必要がある。

人の命には限りがあるが、企業は永遠に成長できる。ただし、それは蓄積してきた知見や技術が、人から人へと確実に受け継がれた場合に限る。継承すべきものには企業理念や事業の考え方といった価値感から付加価値を生み出す技術および、その管理方法やプロセスに至るまで、企業の競争力の基盤となるものすべてが含まれる。

したがって、これらを次の世代に伝え企業を持続的に発展させるためには、人材育成の強固な基盤をつくることが必要となる。しかし、それは決して立派な仕組みや制度をつくることでも、また、世間で流行の研修を数多く実施することでもない。社員一人ひとりを活かしていくことを前提に、何をすべきかを考え抜き大胆に行動に移してこそ、次の時代への選択肢を手に入れることができる。

(2)　人材育成の現状

「企業は人なり」といわれるように人を育てる重要性は誰もが強く認識している。企業トップの方針にも人材育成は必ず重要課題として取り上げられる。しかし、現実はどうだろうか。ピーター・ドラッカーは次のように企業における人の問題を表現している。

「あらゆる組織が『人が宝』という。ところが、それを行動で示している組織はほとんどない。本気でそう考えている組織はさらにない。」[1)]

企業における人材育成の問題はドラッカーが言うように、その重要性はわかっているが行動でどう示したらいいかわからないことにある。トップが示す人材育成の課題に対し、現場ではOJTや研修の強化が叫ばれるが、通り一遍の活動になってしまい成果に結びついていないのが現状である。ドラッカーの言葉に従えば、まずは、本気で考え行動に移してみることが重要である。そのうえで改善を繰り返し、自社に合った人材育成の方法を追究していく以外に道はない。

日本が過去、オイルショックや円高などの厳しい局面を乗り越え、世界有数の経済大国に発展した背景には、成長を支えた当時の教育制度があった。特に企業においては、短期間で即戦力を養成するため、新入社員や中堅社員に対して実践的な教育を施してきた。それは、厳しい時代を生き残り、持続的な成長を達成するためには当然の選択だった。例えば、多くの企業が取り組んでいる階層別研修がその一例である。この研修は、企業運営に適切な人材として必要な能力を育てることが目的であり、現在も継続的に実施されている。

経済が右肩上がりの時代は、「どんな教育をしても必ず成果が出る」と信じられてきた。しかし、バブルが崩壊し経営不振に陥る企業が出てくると、社員のレベルが当時想定した水準にさえ達していないことが露呈してしまった。

社員教育はバブルの時代から本来の目的が忘れ去られ、教育を受けること自体が目的化した。教育と聞けば、人を集めて教科書を開き、一方的に話を聞くものとして効果を疑問視する人もいる。実際の教育の様子

---

1)　P. F. ドラッカー 著、上田惇生 編訳：『プロフェッショナルの条件』、ダイヤモンド社、2000年

を見て「教育は福利厚生の一部か」と揶揄する人もいる。日常業務から一時的に解放されて、教育を受ける社員がリフレッシュしているように見える現実を否定できる教育担当者はいないだろう。従来の教育は、当時の好景気に支えられていただけで、実際には業績にどれだけ貢献したかはわからない。経済が高度成長から低成長へと転換し、時代も大きく変化している今、人の育成の問題を真剣に見直す時期に来ている。

(3) 現実の問題

企業の人材育成を考える前に、現場の教育や育成における人、内容、仕組みの問題を管理者意識、教育内容、目標と評価の3つの観点から考えてみたい。

(a)　管理者意識

人の育成で中心的な役割を果たすのは管理者である。部下育成の責任は管理者にあり、業務を通して人を育てるのが最も効率的で効果的である。しかし、最近では「部下の育成は自分のミッションではない」と考える管理者が増えている。

これは、1990年代以降に実施された「組織のフラット化」の影響が大きい。意思決定をスピード化し、個人の裁量を増やす施策を実施した結果、ミドルマネージャー層が消失した。こうして管理者の育成が妨げられると同時に、部下の育成を自分の役割と思わない管理者が次々に生まれてしまった。このような時期を過ごした管理者に「部下を指導しろ」と言っても、指導を受けた経験のない彼らにとっては何をどうしたらよいかわからないのである。

こうした管理者には、その上位の管理者が部下指導のあり方や育成の方法を指導すべきだが、筆者はそうした光景をあまり目にしたことはない。それどころか、平気で部下の出来の悪さを嘆き、評論家気取りで精神論を振りかざし批評家に徹する管理者もいる。しかし、管理者としての自覚があるならば「これまで部下に何を教育してきたか」を自分自身に問い直す必要がある。そして、部下が萎縮する評論家や批判家の態度は改め、部下育成に対し率先垂範の姿勢を示すべきである。

(b) 教育内容

企業や組織の規模があるレベルを超えると、教育の専任部署が設置されて社内で研修を企画するようになる。この段階になると研修に対する問題意識が徐々に薄れ、現場と距離ができるため研修が社員の実務にどう役立っているかについて十分検討できなくなる。

研修の企画では、一般的に「何を(What)、どう(How)教えるか」を検討するが、「なぜ(Why)、その内容を教えたり、学ぶ必要があるのか」の視点に常に立ち返ることが重要である(**図 6.1**)。研修を企画するときは実務で具体的な効果が出るように、教える内容(What)や教え方(How)を決定しなければいけない。

企業が経営的に厳しい局面や熾烈な競争に直面していれば、その状況に必要な知識やスキルを研修で提供する。こうした研修の目的やゴールは明確であり、研修結果は常に実務へ反映されることが期待される。

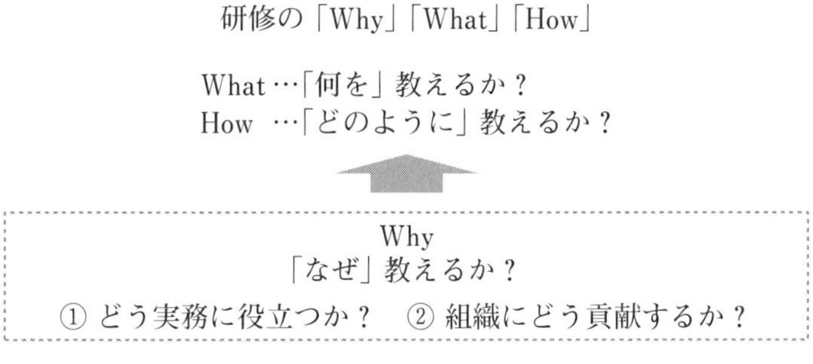

研修の「Why」「What」「How」

What …「何を」教えるか？
How …「どのように」教えるか？

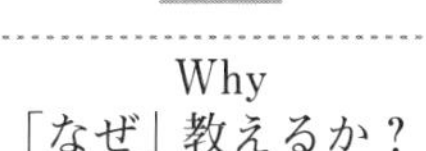

Why
「なぜ」教えるか？
① どう実務に役立つか？　② 組織にどう貢献するか？

図 6.1 研修の検討項目

例えば、15年連続増収を達成したある中堅企業の営業研修では、営業成績を上げるための具体的な方法や考え方を効果的に学べるように設計されている。こうまとめてしまうと、一般的な企業内研修と何ら変わりはないように感じる。しかし、経験の全くない新人営業マンでも、その研修を受講して営業の知識とスキルを習得すれば、仕事のとれる営業マンに成長するのである。単に知識を詰め込む“お勉強”の研修とは訳が違い、徹底した実務指向で業務遂行能力を身につける。研修の修了試験では、実際の営業の現場で仕事がとれるか試されるが、研修で鍛えられた新人たちはそれをきちんとこなしていくという。

このように業務に直結し組織に貢献できる研修であれば、なぜその内容を学ぶかは明らかである。逆に、こうでなければ、研修は社員の業務時間を奪うだけでなく、経営にムダな負担を与えることになる。業務と同等以上の価値を提供できなければ、研修は業務の機会損失を伴い、本末転倒の事態に陥る。このリスクを常に意識する必要がある。

また、独立した教育専任部署と経営者・現場の間には、教育の位置づけや考え方に溝ができ、研修内容が一人歩きしてしまう可能性が高い。それは、研修の内容は研修担当者の経験と勘に頼らざるを得ないため、経営や事業戦略的な視点を考慮することが難しくなるからだ。トップを含め研修を正しく評価できる有識者がいなければ、研修は単に教育専任部署を存続させる理由でしかなくなってしまうだろう。

筆者は現場の教育責任者から「研修は勉強するきっかけになればいい」との発言を聞いたことがある。研修への投資を何だと考えているのだろうか。こういった意見がまかり通るようでは、研修はいつまで経っても福利厚生の域を出ない。しかし、非常に残念な話であるが、社内研修をこの程度にしか考えていない人が多いのも事実である。

研修に対しては、やらないよりやったほうがいい程度の認識でしかないと、こんな意見も出てきてしまう。研修を増やすことには積極的だが、研修をやめる決断ができないのも同様の理由からだ。しかし、この背景にどんな事情があろうと、研修が、やったほうがいい程度の理由で研修科目が増え続けているようなら、教育専任部署の存在意義はない。

このような組織がある一方で、世界の先端を行く組織では人材育成が事業戦略の重要な施策として機能している。また、変革の時代を生き抜こうとする経営陣が、研修設計の専門家を良きパートナーとして改革を進める事例も増えている。

(c)　目標と評価

管理者意識や教育内容が問題になるのは、管理者や教育専任部署が「教育の目標」と「評価の基準」を把握できていないことに原因がある。

管理者意識の問題は、そもそも管理者が人材育成のゴールを設定していないことにある。目標がなければ、管理者自身も何をどうしていいかわからず、結果も正しく評価できない。つまり、教育を始めるときは、教育対象となる一人ひとりに対して教育目標として、何ができるようになっていなければならないかを設定し、達成度を判断できる基準を定義しなければならない。目標が不明確だと、「その教育が妥当かどうか」の判断ができない。これは研修についても同じことがいえる。さらに、目標を設定した理由については、その教育は実務にどう役立ち、組織にどう貢献するかの観点から説明できなければならない。

しかし、教育の現場では、世間で話題になっているテーマを取り上げ、予算の範囲内で外部講師を招聘している研修も多い。研修の評価はというと、受講者アンケートの満足度や理解度で判断している。これでは、研修の目標は曖昧であるし、評価も受講者の感想でしかないアンケート結果に頼っていては、何をどれだけ学べたかは把握できない。こうした研修は、その存在意義が問われて当然である。

仕事である以上、企業では人材育成を経営課題の解決手段と捉えて、管理のサイクル(PDCA)を回すことが望ましい。そのために必要なのはP(計画)だが、その前提として、まず「目標」を設定しなければならない。また、P(計画)のD(実施)後、結果をC(確認)しA(処置)するため、結果を「評価」できる基準を用意しなければならない。人材育成がうまくいかないほとんどのケースが、この「目標」と「評価」に問題を抱えている。目標が不明確だと評価が正しくできないためPDCAが回らず、何年経っても「うちの会社では人が育っていない」と嘆くことになるのである。

6.2　人材育成の考え方

(1)　企業における人材育成

ここで、企業での人材育成の定義について考えてみよう。

ブリタニカ国際大百科事典小項目事典では人材育成を次のように定義している。

「長期的視野に立って現実に企業に貢献できる人材を育成すること。…(中略)…主体性、自立性をもった人間としての一般的能力の向上をはかることに重点をおき、企業の業績向上と従業員の個人的能力の発揮との統合を目指す。」

上記の定義から、“仕事に必要な知識やスキルばかりでなく、主体性や自立性、考え方や意識を育て、社員の能力を向上させること”、“その結果、育てた人材を業績に貢献させること”という人材育成の2つの目的が見えてくる。

この2つの目的を果たすには、教えることと育てること、つまり「教育」が必要である。しかし、教育というと一般に教えることという認識が強く、育てることがすっかり忘れ去られている節がある。教えることだけに注力しても教育としては不十分で、業績向上に貢献できる人材は育たない。人材育成では、教えることと育てることのバランスが重要なのである。

ここで人材育成の定義にもとづいて、「教えること」とは仕事に必要な知識・考え方を理解させ、主体的に行動できるようにすること、そして、「育てること」とは長い時間をかけ、繰り返し教えることで、職場の仕事を一つひとつできるようにすることと定義する。この定義から考えると、日本では従来から、教えることには組織を挙げて取り組んできた一方、育てることは手薄だったことがわかる。ここに日本が抱える人材育成の問題がある。

育てることが十分できていない理由は、第一に育てることが教えることに比べ、時間がかかることが挙げられる。そして第二に育てることは、育てる人の性格、能力、姿勢、考え方に大きく影響を受けるため、育て方にはその人に合った方法を見つけなければならない難しさがある。育て方は、数学や物理の問題のように正解が一意ではない分、試行錯誤を繰り返し、工夫し続ける必要がある。こうしたプロセスを忍耐強く続けて、やっと人を育てることができるのである。

このように育てることは時間と手間がかかるので、「“教えること”はそれなりにしてきたが、“育てること”となると……」というのが大方の管理者の本音である。しかし、こうした言い分に納得しては、社内で人を育てることはできない。時代の変化がますます激しくなる昨今、このままでは組織が抱える難局を打破する人材が不足するのも当然である。

育てることの問題は根深く、多くの企業で人を育てる人材の不足の事態を招いている。長年、育てることをしてこなかったツケが回った形である。世間では人が育っていないことを問題視しているが、現場では人を育てたくても“育てられる人”がいないことのほうがより深刻なのである。育成の問題を解決するためには、まず、育てることができる人材の確保から始めなければならない。

(2)　教育の進め方

(a)　教えると育てる

人材育成における「教える」と「育てる」の割合は、職位によって異なる。基本的には**図 6.2** のように、上位職制者ほど育てる割合が増えるので、上位職制が「自分の組織に人が育っていない」と不満に思うなら、まずは自らが育てることを行動で示す必要がある。

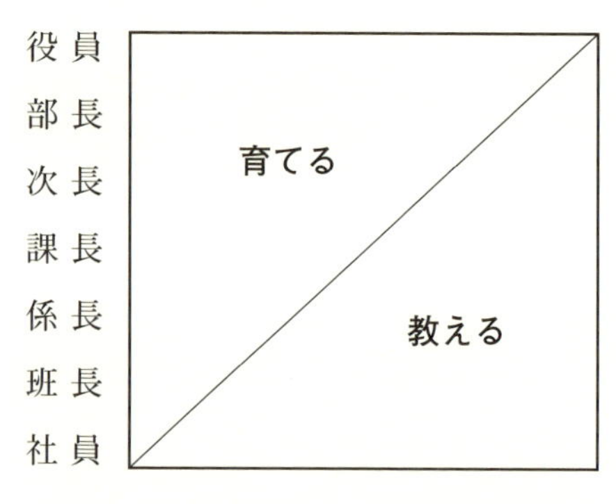

図 6.2　"教える"と"育てる"の割合

しかし、実際は課長クラスでさえ、**図 6.2** について説明しても「そもそも何を教えて、どう育てるべきかがわからない」と戸惑うことが多い。その理由として「管理職になり実務から離れたので、部下のほうが技術については詳しい。だから、とても部下育成などできない」と言うのだ。率直にいって、このような言い訳をしているようでは管理者失格である。こんな上司についた部下は不幸としか言い様がない。

技術の進化が非常に早い現在では、部下が上司より現場の技術について詳しいのは珍しいことではない。上記の管理者の大きな問題は、教える内容を現場の技術に限定して、それが部下より劣ることを理由に育てることを拒否している点にある。

職位が上がれば現場にかかわる時間が減るのは当然で、現場の技術に疎くなるのは仕方がない。だからこそ管理者は、現場の諸技術ではなく仕事の進め方、問題解決の方法、大局的な視点といった、部下の成長に必要な内容を教えるのである。部下が自分も理解していない最新技術で問題を抱えていれば、現場で部下と一緒に考え、問題解決の方向性を示せばよい。それでも「教えられない」というのであれば、教えられるまで勉強しなければいけない。それが管理者の務めである。

(b)　教える―教え方の3原則―

教えるとは、仕事に必要な知識・考え方を理解させて、主体的に行動できるようにすることと説明した。例えば、設計手法を教える技術教育などがこれに当たる。教えるうえで大切なのは、手順や知識だけでなく、原理・原則までしっかり理解・納得させることである。

教えるといっても、単にやり方だけを伝えるなら比較的短い時間で済ませることができる。例えば、前述の設計手法の教育であれば、教える側が現実の事例に対して設計手法をデモンストレーションした後に、教わる側が設計課題に取り組むようにすれば、座学より早く設計手順を理解できる。しかし、この設計手法の意義や意味を正しく理解していなければ、現場でこの手法を使うべきかどうかの判断はできない。その手法を使う場面を選択できなければ、現実には役に立たないのである。業務に活かすためには、設計の原理・原則に立ち返り、その手法の意味や有効性について理解していなければならない。

これは管理技術についても同様である。管理の知識や手順を教えるときには、管理の目的や管理が何をどう保証するかについても合わせて教える必要がある。例えば、デザインレビューの教育であれば、レビューの定義や手順だけでなく、デザインレビューのメカニズムや、レビューが何をどう保証するのかについて納得できていることが重要である。こういった知見や考え方を教育で組織に浸透できれば、デザインレビューが形骸化することもなくなる。

企業教育では、現場・現物・現実の具体的な事例や実際の問題を扱えるので、教え方の3原則である“①やってみせる／②やらせてみる／③後をみる”を実践することが可能である。

この3つの原則を通して「なぜ」に着目し、原理・原則をしっかり教えることができれば、必要な考え方も自然に身につく。技術や管理の知識を通して、原理・原則や正しい考え方が身につけば、主体的に行動する基盤ができたといってよい。だが、上記の教え方の3原則を実施できないようであれば、企業の教育としては効率が悪く、実用性の乏しい人材育成の手段となってしまう。

教え方の3原則の実施に当たり、常に意識しておきたいのは“知っていること”と“できること”の差である。「百萬の典経、日下の燈」[2)]と言われるが、知識をいくら詰め込んでも実際に使えなければ、現場では何の役にも立たない。使えない知識ほどムダなものはないのだ。

ここで参考になるのは、“Teach how to teach”(教えることができるように教える)という考え方である[3)]。教える相手が周囲の人に教えられるようになるには、教える内容の原理・原則や教え方に加えて、教えるときに困らないよう、関係する内容を体系的に伝えなければならない。効率的で実用性の高い教育をするうえで意識すべき考え方である。

(c) 育てる―育て方の4つのポイント―

育てるとは、前述したとおり、長い時間をかけ繰り返し教えることで職場の仕事を一つひとつできるようにすることである。そして、教えることに比べてはるかに難しく時間がかかる。これは一本の苗木を実がな

2) 今北洪川 著、盛永宗興 訳、鉾之原妙鈴 訓注、大珠院直心会 編：『柏樹社』、1987年

3) 岸良裕司氏(Goldratt Consulting Japan CEO)が提唱したもの。

るまで育て上げるプロセスと似ている。つまり、その苗木の特性に合った環境を与え、長い時間をかけて実を付けるまで水や肥料をやり、手入れをして成長を待つ過程が育てることに相当する。

各人の性格、能力、環境などに応じて、一人ひとりの育て方は全く異なる。そこで、人を育てるにはその人に合った目標を設定し、育成方法もその人に合った方法を工夫しながら根気よく付き合わなければならない。育てる極意は“繰り返しやる／相手を見てやる／育つまでやる”を念頭に置き、相手の立場になって何をすることがその人にとって一番適切かを考え、工夫し続けることである。

人にはそれぞれ、育った環境や体験から形成された思考や行動を特徴づける一貫した傾向がある。人を育てるには、この個性や人格といわれる各人のパーソナリティを見極めなければならない。人の発揮する能力は、その人に合った適切な環境が与えられるかどうかで大きく違ってくる。例えば、仕事のモチベーションが上がる条件一つをとっても“窮地に追い込んだほうがいいタイプ”と“褒めたり、評価したほうがいいタイプ”がある。人を育てる場面では、仕事のモチベーションをより多く引き出すために、それぞれのパーソナリティに合ったアプローチを活用したほうがよい。

前項で教えるとは、知識や考え方を理解させることと説明した。したがって、教える側が教育内容を理解できていない場合は、まず自分自身が学ぶことから始めなければならない。つまり、「教えることは学ぶこと」であり、学ばない者には教える資格はないのである。

一方、人を育てるためには、その人に合った育成方法を選択して、仕事ができるようになるまで教え続けなければならない。そのためには、人に対する深い洞察が必要不可欠である。教育における初歩の学びは、正解がある知識を理解することから始まる。しかし、本当の学びは学んだ知識を現実に応用して、各自が置かれた状況で答えを求め続ける先にある。つまり、育てるとは、この学びを支援することであり、育てる側に人を究める姿勢がなければ、人を育てることはできない。

人を育てるには、この究める姿勢に加えて「何としても立派に育てる」という強い信念や使命感が必要となる。この姿勢を維持し、強い信念や使命感を持ち続けるには、育て方のポイントとして少なくとも次の4つの行動“①話をよく聞く／②明確に方針を出す／③権限を委譲する／④感動を与える”を育成の場で実践することを心がけたい。

6.3　教育の実践

(1)　人材育成の3つの方法

企業の人材育成にはOJT、Off-JT、SDの3つの方法がある(**表6.1**)。この3つの方法を育成計画に体系的かつ有機的に配置し、相乗効果が出るよう人材育成を進めるとよい。

表6.1　人材育成の方法

方法	内容	指導者	教育内容
OJT (On the Job Training)	職場での 教育・指導	職場の 上司・先輩	職務に必要な知識・ スキル・考え方
Off-JT (Off the Job Training)	業務外の 教育	社内外の 専門家	基本事項、体系的な知識 最新の知識・技術
SD (Self Development)	自己啓発	※	※

※ 自己啓発の内容によりさまざま

OJT(On the Job Training)は、実務を通して職務に必要な知識・スキル、考え方を指導する短期的視点に立った教育であり、管理における維持に相当する。したがって、OJTは業務を進めるに当たり不可欠だが、現実にはそれだけでは不十分であり、管理の改善に当たる長期的視点に立った計画的なOff-JT（Off the Job Training）が必要になる。

また、OJTは現場の上司や先輩社員が指導するために属人性が高く、指導者の知識や教え方に大きな影響を受ける。そこで、社内外の専門家が講師のOff-JTで、OJTで得た知識や技術を体系的に学習し、最新の内容にアップデートする。Off-JTは、社内の各階層や各部門に最低限必要な内容を効率的に学ぶ場と考えてもよい。

OJTやOff-JTに加え、業務遂行に必要な知識・スキルについて社員自ら計画的・継続的に能力開発を行うのがSD（Self Development）、すなわち自己啓発である（**図6.3**）。人材育成のポイントは、管理の維持、改善のようにOJTとOff-JTをうまく組み合わせ、社員が自発的に学べるSDの環境を整備することである。

例えば、育成の基本をOJTで行い、OJTで得られない知識やスキルはOff-JTで習得する、Off-JTで学んだことは、OJTを通して職場

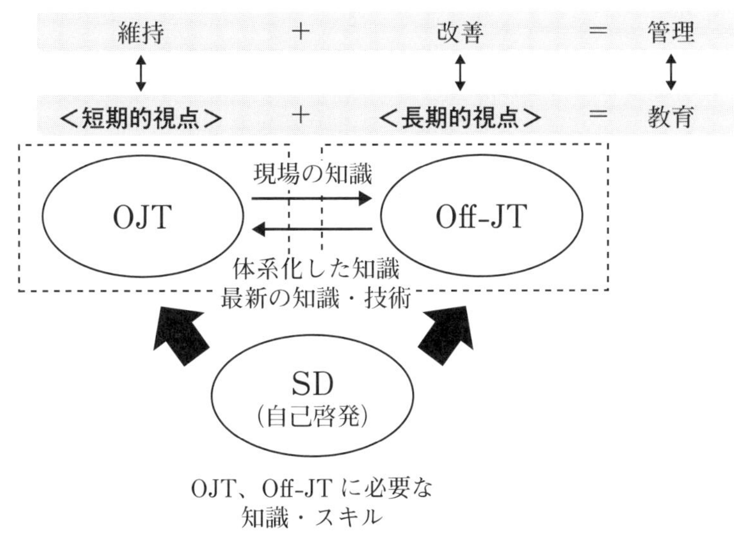

図6.3　OJT・Off-JT・SDによる人材育成

で実践し、習慣化と定着を図る。この流れを繰り返すことと並行して、OJT、Off-JTに必要なSDを促進できれば育成の効果はより高まる。このようにOJTとOff-JTを相互補完的な関係と捉え、それをSDが支援するように設計できれば、“個人の能力向上”と“業績への貢献”を両立する人材育成の仕組みが構築できる。

人材育成はOJTが基本だが、育成効果を高めるためには継続的に能力開発ができるSDとOJTの内容を補完する体系的な教育体系であるOff-JTが必要である。最近では、技術者の能力向上は本人に委ねる傾向が強く、今後はSDの環境構築が人材育成の新たな課題となる。

(2)　問題解決型人材の育成

育てる人材は時代とともに変遷してきた。例えば、戦後から高度成長期にかけては、指示どおり寝食を忘れて仕事に取り組み、期待する結果を出す人材が求められた。当時は“競争力＝生産能力”の時代だったので、社内では大量生産を支える均一化した社員をいち早く育てることが優先された。しかし、今や、指示待ち型の金太郎飴タイプは会社のお荷物になりやすく、最近では「会社人間」とか「社畜」とさえよばれている。経済発展と技術進化で価値観が多様化し、社会が一気に複雑化した今、企業で必要とされるのは多種多様な問題を主体的・自立的に解決し、業績に貢献できる問題解決型の人材である。

ところが、企業には未だに全く逆のタイプである“内向き・下向き・後ろ向き”の社員が多くいる。彼らは内向きで、世間の常識や最先端の技術に触れる機会がないため視野が狭く、下を向いて元気がない。さらに、考え方が後ろ向きでネガティブである。そこで、問題解決型人材を、このタイプとは対照的な「前向きに考え、積極的に挑戦できる人材」と捉えて、次の3つの要件に着目し、その育て方を考えてみよう。

①　前向き：仕事にポジティブである。

② 積極的：問題に自ら働きかける。

③ 挑戦的：難題に挑もうとする。

問題解決力を発揮するには、まず仕事にポジティブになり（①の状態）、問題に対して主体的に働きかけること（②の行動）ができなければならない。そして、この行動の先に難題へ挑戦する姿勢（③の姿勢）が生まれてくる。

人を育てるうえで最も難しいのは、人を前向きにする（①の状態）ことである。そのためには、自分の仕事を腹落ちさせて、仕事に対する考え方を変えることから始めるとよい。

例えば、筆者の父は管理部門の合理化に当たり、管理者に合理化の目的と各自の業務の考え方・取り組み方を本人が納得するまで繰り返し報告させた。その結果、問題の対応が前向きになったという。筆者も技術者に対して同様の経験をしている。業務の目的とそれに対する考え方である戦略、そして取組みを示す戦術を正しく理解できれば、自分の役割の意義を理解し、仕事に対して前向きの姿勢が芽生えてくる。

仕事にポジティブ（①の状態）になれば、現場の問題解決に取り組むことで積極性（②の行動）を引き出すことができる。自部署の問題とその重要性を理解したうえで問題解決に取り組み、その結果とプロセスを正しく評価することを続ければ、問題に主体的に働きかける姿勢は自ずと身につく。そして実力がついたら、自部署の難題に責任者として挑戦する機会を与え、適切な支援を行いながら難題に挑戦する姿勢や考え方（③の姿勢）を醸成させていけばよい。

(3)　固有技術と管理技術の教育

図3.3で触れたように、企業の課題は、経営資源である人・物・金・情報に変化を与えることで、いかに最大の付加価値を出すかにある。したがって、企業の教育も付加価値の最大化に貢献する「固有技術」と

「管理技術」に重点を置かなければならない。「固有技術」は変化の源泉であるため、研究・開発から顧客サービスに至る業務内容の原理・原則の教育を最低限準備する必要がある。また、「管理技術」の教育は、経営資源を効率的に運用することで、より高い付加価値を生み出す方法論が中心となる。これが企業の教育のベースラインである。

企業の実情を考慮し、固有技術と管理技術を中心にバランスよく教育プログラムを設計すれば現実的な社内教育が構築できる。製造業やサービス業では、従来から品質や原価低減に関する技術不足が問題となっているので、「固有技術」の教育には特に注意が必要である。さらに今後は前述した問題解決型人材を育成するために、固有技術と管理技術の枠に捉われない“新たなカリキュラム”を開発・整備していく必要がある。

問題が頻発する組織には、必ずその企業の固有技術の弱さが存在する。社内教育は、そうした自社の問題を改善・解決する固有技術から着手すべきである。さらに、それと並行して問題の再発防止や未然防止の方法論を管理技術として体系的に教育すれば、会社の業績に貢献できる社内教育となる。

続いて固有技術と管理技術の教育について説明する。

(a)　固有技術

固有技術はOJTではもちろんのこと、研修でも必ず技術科目として教えている。しかし、現場で品質問題が頻発したり、設計や評価に必要以上に時間がかかるのは、「固有技術」の教育に問題があるといってよい。特に現場では、仕事の手順や方法の“How”は指導しているが、その手順や方法を選択する理由である“Why”は十分教育できていない。そのため、「固有技術」の原理・原則の理解不足から、現場で適切な問題解決ができなくなっているのである。

Off-JTでは、テキストや資料を使って原理・原則にもとづいて手順や方法を体系的に教える。一方、OJTでは、時間を十分確保できないため、現場に必要な手順を口頭で簡単に説明するだけにならざるをえず、“Why”が抜け落ちてしまっているのだ。

“How”だけの手順中心の教育では、技術の通り一遍の理解しかできず、原理・原則を理解する余裕はないので変化への対応力は失われていく。時代の急速な変化に伴い、どの部署もこれまで経験したことのない問題への対応が迫られているが、従来手法の“How”だけではとても乗り切れるものではない。こうした状況が続けば、社員のモチベーションは下がり、本来もっているはずの能力も発揮できない事態に陥ってしまう。

“How”だけの教育が蔓延する背景には、組織が意図的に指示に忠実な任務遂行型の人材を求める場合もある。しかし、問題解決型人材の育成を目指し“Why”をいくら強調しても、現場では“Why”よりも“How”を偏重する傾向が非常に強い。

それは、教える立場の上司や先輩が原理・原則を理解しておらず“Why”の指導ができないことが一番の理由である。また、原理・原則はわかっていても、“Why”を教えられた経験がないため指導方法がわからない場合もある。このように固有技術をうまく教育できないのは、教える側の問題であることを認識し、教育できる人材を育成することが先決である。

(b)　管理技術

固有技術と異なり「管理技術」は、最新・最高の仕組みを簡単に組織に導入できる。また、スキルの習得も必要ないので、固有技術と比べて短時間で集中的に教育できる。しかし、“管理技術を知っていること”と“管理ができること”とは全く別の問題である。その点では、固有技術のほうが実際のツールや機械を扱う分、効果は一定の水準を確保しやすい。

管理技術の運用に当たっては、人の意思や思いが大きく影響するので形だけの管理や行き過ぎた管理が横行しやすい。ときには過酷で非人間的な管理になることもある。昨今のパワハラ、マイクロマネジメントはその典型的な例である。このように管理技術が本来の目的から外れると組織の効率は低下し、企業の競争力が損なわれていく。

そこで、「管理技術」の教育では、単なる知識だけでなく、現場の事例や問題を取り上げ、仕組みを導入・運用するときの考え方や注意点も教育するとよい。例えば、現場・現物・現実や人の感情を無視した管理技術は、使う用途のない多数の管理項目や1,000項目のチェックリストなどを平気で作り出してしまう。「管理技術」は一般的な知識だけでなく、実務経験にもとづいた原理・原則が非常に重要なのである。

固有技術がものを作り、サービスを提供する技術であるのに対して、管理技術は問題の発見や顕在化とその整理に優れている。その方法として、管理技術には品質管理をはじめ、IE、OR、VE、PMなど数多くの手法がある。しかし、どんな手法であっても、管理技術としての基本的な考え方の習得に時間をかけるべきであり、手順や方法・テクニックばかりを詰め込む教育にならないよう注意しなければならない。

引用・参考文献

(1) 古畑友三：『5 ゲン主義―現場管理者の心得―』、日科技連出版社、1989 年
(2) 古畑友三：『5 ゲン主義―品質管理の実践―』、日科技連出版社、1990 年
(3) 古畑友三：『5 ゲン主義―ムダ取りの実践―』、日科技連出版社、1992 年
(4) 古畑友三：『5 ゲン主義―人を育てる―』、日科技連出版社、1994 年
(5) 古畑友三：『5 ゲン主義―5S 管理の実践』、日科技連出版社、1995 年
(6) 古畑友三：『5 ゲン主義入門』、日科技連出版社、1996 年
(7) 古畑友三：『5 ゲン主義―物造り改革の実践―』、日科技連出版社、1998 年
(8) 古畑友三：『5 ゲン主義　管理の基本　考え方編』、日科技連出版社、2010 年
(9) 古畑友三：『5 ゲン主義　管理の基本　進め方編』、日科技連出版社、2010 年
(10) 大野耐一：『トヨタ生産方式―脱規模の経営をめざして』、ダイヤモンド社、1978 年
(11) 古畑友三・山本健治：『社長の机を現場に移せ』、日本実業出版社、1998 年
(12) 佐藤允一：『問題構造学入門』、ダイヤモンド社、1984 年
(13) 古谷健夫 監修、中部品質管理協会 編：『“質創造”マネジメント』、日科技連出版社、2013 年
(14) ハーバート A. サイモン 著、稲葉元吉・倉井武夫 訳：『意思決定の科学』、産業能率大学出版、1979 年
(15) P. F. ドラッカー 著、上田惇生 編訳：『プロフェッショナルの条件』、ダイヤモンド社、2000 年
(16) 今北洪川 著、盛永宗興 訳、鉾之原妙鈴 訓注、大珠院直心会 編：『柏樹社』、1987 年

索　引

【英数字】

【あ　行】

【か　行】

【さ　行】

【た　行】

【は　行】

【ま　行】

【ら　行】

著者紹介

古畑　慶次（こばた　けいじ）

1988年名古屋大学大学院工学研究科博士課程前期課程電子機械工学専攻修了、日本電装㈱（現 ㈱デンソー）入社。デジタル信号処理、音声認識の研究、携帯電話、ナビゲーションシステムの開発に従事。現在は㈱デンソー技研センターにて高度ソフトウェア専門技術者を育成するカリキュラム開発、講師を担当。また、社内外でソフトウェア開発、マネジメント、問題解決の支援・指導に取り組む。2015年南山大学大学院数理情報研究科数理情報専攻博士後期課程修了。

博士（数理情報学）、産業カウンセラー（JAICO認定）、名古屋大学招へい教員、南山大学客員研究員、中部品質管理協会の講師も務める。

5ゲン主義　現場リーダーの心得
—語り継ぐ“ものづくり哲学”—

2018年4月24日　第1刷発行

著　者　古 畑 慶 次
発行人　戸 羽 節 文

検印
省略

発行所　株式会社　日科技連出版社
〒151-0051　東京都渋谷区千駄ヶ谷5-15-5
DSビル
電　話　出版　03-5379-1244
営業　03-5379-1238

印刷・製本　株式会社中央美術研究所

Printed in Japan

URL　http://www.juse-p.co.jp/

ISBN 978-4-8171-9645-3